Twitter からの変更点がわかる!

エックス

X

完全マニュアル

八木重和【著】

秀和システム

■本書の編集にあたり、下記のソフトウェアを使用しました

・Windows11　ブラウザ（Chrome）
・iOS 17

上記以外のバージョンやエディション、OSをお使いの場合、画面のバーやボタンなどのイメージが本書の画面イメージと異なることがあります。

■注意

本書の使い方

このSECTIONの機能について「こんな時に役立つ」といった活用のヒントや、知っておくと操作しやすくなるポイントを紹介しています。

このSECTIONの目的です。

このSECTIONでポイントになる機能や操作などの用語です。

SECTION

Keyword：動画付きの投稿

03-03

ポストに動画を載せる

著作権や肖像権、動画のサイズなどにも気を配ろう

動画は多くの人に注目されます。Xに動画を載せたことがきっかけで世の中に広く拡散されることもあります。動画のポストはたいへん効果の高い一方で、トラブルの原因にもなりますので、内容はしっかり確認しましょう。

動画を付けてポストする

1 「＋」をタップ。

2 文章を入力して画像のアイコンをタップ。

1 入力

2 タップ

3 載せる動画をタップ。

1 タップ

1 タップ

⚠ Check

ファイルサイズは小さめに

動画は写真や文字のデータに比べて、非常に多くの情報を持っているため、ファイルサイズが大きくなる傾向があります。通信料や通信時間もかかりますので、録画サイズを小さくする、時間を短くするなどの工夫でできるだけファイルサイズを小さくしましょう。

70

操作の方法を、ステップバイステップで図解しています。

用語の意味やサービス内容の説明をしたり、操作時の注意などを説明しています。

⚠ Check：操作する際に知っておきたいことや注意点などを補足しています。

💡 Hint： より活用するための方法や、知っておくと便利な使い方を解説しています。

📓 Note： 用語説明など、より理解を深めるための説明です。

はじめに

「Twitter」(ツイッター)。そんななじみのある言葉が過去のものになりつつあります。

それまで、地球上でもっとも利用されているとも言われていたインターネット最大のSNSが、ある日突然、名前を変えました。その名は「X」(エックス)。変更にまつわる経緯は割愛しますが、影響は大きく、しばらく混乱したのは事実です。今でも「X(旧Twitter)」のように表記されることもあり、新しい「X」が完全に定着するにはもう少し時間がかかるかもしれません。

とはいっても、「X」が日常的に使われる情報源であることには変わりありません。

人それぞれが過ごす日々の出来事、たわいのない雑談、憧れのスポーツ選手やアイドルから発せられる言葉、日々の中で起きた感動の共有。生活に役立つ情報、通信や交通インフラのリアルタイムな情報、災害発生時に助け合う人々の協力……。「X」はこれまで通り、さまざまな方法で活用されています。一方で「炎上」や「デマ」、「詐欺」というネガティブな言葉に、使うことを躊躇している人もいるでしょう。

そこで本書では、変化する最新の「X」をあらためて見直し、これから使う人にも、使いこなしたい人にも役立つよう、基本的な使い方から、安全に使う方法、使いこなすポイントをまとめました。新しい機能の発見、そしてそれぞれの新しい使い方の発見にもつながる要素も盛り込んでいます。

「X」は誰でも気軽に自分から発信できるSNSです。投稿する、フォローする、フォロワーが増える……きっとあなた自身の周りで世界が大きく広がることでしょう。

本書では、誰でも「X」を使いこなせるようにスマホでの利用を基本にしています。これを機会に「X」を存分に楽しみ、活用する一助となれば幸いです。

なお、執筆時にはXアプリの画面表示に一部、旧来のTwitter表記や廃止された機能の表示が残っています。これらは今後、修正されることが見込まれます。できるだけ最新の状態で執筆しましたが、ご了承いただければ幸いです。

2023年10月　八木重和

見るだけでなく投稿もしてみよう。文字だけでなく写真、動画、音声も投稿できる。フォロワーが増えたり、返信で交流したりして楽しさが増していく。

「Twitter」から名前を変えた「X」。Twitterのときと同じく、世界中から情報が投稿され、活発なコミュニケーションが行われている。

サブスク型の有料サービス「X Premium」に登録すると、長文を投稿できたり、日時を指定して予約投稿できたりと、機能が強化される。

「プロアカウント」を利用すると、プロフィール画面に自分のビジネスカテゴリや住所を載せられる。ビジネス用途でXを使いたい人にはとても有用。

目　次

Chapter01　Xをはじめよう

Chapter03　ポストを使いこなそう

Chapter04　ビジネスにも役立つ機能を使いこなそう

Chapter05　「X Premium」でできることを広げよう

TwitterとXの違い

　従来、短文投稿型のSNSとしてもっともよく知られ、長く親しまれてきた「Twitter」(ツイッター) ですが、あるとき突然「X」(エックス) と名前を変えました。経緯は割愛するとして、「X」になったことで、変更になった名称や呼び方がいくつか存在します。世界中で多くのユーザーがTwitterを利用していたこともあり、影響は決して小さいものではありませんでした。

　中には普段から当たり前のように使われていた「ツイートする」という言葉も、Twitterの名前が消えたことで「ポストする」と変わり、いっときは混乱も招きました。

　混乱は少しずつ収まる傾向にありますが、新しい名称に慣れるまではもう少し時間が必要かもしれません。ここでは、TwitterとXで変わった名称や呼び方を整理します。

Twitter (ツイッター)	X (エックス)
ツイート	ポスト
ツイートする	ポストする / 投稿する
リツイート	リポスト
引用リツイート	引用
Twitter Blue	X Premium
Twitter Pro	X Pro

　このほか、「Twitterアカウント」を「Xアカウント」と呼ぶように、「Twitter〇〇」は基本的に「X〇〇」という名称に変更されています。

Xをはじめよう

X（旧Twitter）は今もっとも広く使われているSNS（ソーシャルネットワークサービス）のひとつです。使ったことがない人でも一度はTwitterという名前を聞いたことがあるでしょう。そのTwitterが「X」と名を変えましたが、引き続き世界中の人が利用しています。Xには多くの情報があふれ、たくさんの楽しみ方があります。「聞いたことはあるけど、興味があるけどよくわからない」、そんな人でもまずは気軽に始めてみましょう。

01-01

Xでできること

他の人のつぶやきや最新情報を見たり、自分で書いたりする

Xの基本的な使い方は誰かのポストを「見る」ことと、自分でポストを「書く」こと。この2つなので実にシンプル。そして1つのポストから、リアクションしたり返信したりといった使い方が広がります。

Xで情報を見る

　X（旧Twitter）のもっとも手軽な利用法は「見る」ことです。世界中のユーザーによるポストには、役立つ情報もたくさんあります。活用法は自由で、それぞれがそれぞれの使い方で楽しんでいます。無限のポストから知りたい情報を検索することもできます。リアルタイムに無数のポストが投稿されているため、その時の最新の情報を手にすることができます。

⚠️ Check

Xの有料化？

　Xは、将来的に一部で有料化の可能性も言われています。これは莫大な運営費用の補完というよりは、スパム行為やなりすましなどに悪用するために大量のアカウントを取得することを防ぐためとされています。実際に2023年10月に、一部の国で「投稿するには1年間で1ドルが必要」という有料化の実験も始まりました。ごく低い額でも犯罪などを防ぐ効果があるようであれば、将来的にはこのように一部機能が有料化される可能性があります。

Xに情報を書く

　Xに自分でポストすれば、楽しみはもっと広がります。自分のポストは全世界に公開され、それを見たほかのユーザーから反応があることもあります。とはいえ、普段の何気ない独り言でも、感じたことでも、気軽にポストできることもXが広く使われている理由です。

⚠ Check

書いていいこととダメなこと

　Xには自由に何でも書くことができます。自分の考えや主張を強く訴えても構いません。自由に意見を交わせる場所であることがXの特徴の1つです。

　ただし、法律に触れる内容（名前や住所などの個人情報や、法律で不特定多数への公開が禁止されている写真など）は投稿すれば罰せられます。また、法律には違反しなくても、他人の悪口や身勝手な批判は、見ている人がいい思いをしないでしょう。

　「ルールとマナー」の範囲で自由な投稿を心がけてください。

ⓄⓃⒺ ⓅⓄⒾⓃⓉ　Xのポストは「短い文章の投稿」

　Xの「ポスト」は短い文章の投稿です。日本ではポストといえば郵便の投函箱をイメージしますが、英語では「メッセージやデータを送る」ことを「ポスト（post）」と言います。

Xを使うために必要なもの

Xを使う端末とインターネット、スマホならアプリが手軽

Xはスマホで使っているイメージが強いかもしれませんが、Xはスマホでもパソコンでも、一部のテレビやゲーム機でも使えます。いずれの機器でも無料のアプリやブラウザーで使えるので、利用料金はかかりません。

スマホでもパソコンでも

　Xはスマホで使っている人がもっとも多いかもしれません。カフェでも旅行先でも電車の中でも、あらゆるところからそのときの出来事や感じたことをポストできることが大きな魅力です。「パソコンは持っていないけれどスマホなら持っている」という人も多いでしょう。Xはスマホを持っていれば、ほかに何もなくてもできます。これがもっとも手軽な使い方です。

　Xを使うために最低限必要なものは、「インターネット接続」と「専用のアプリまたはホームページを見られるブラウザーアプリ」の2点です。もちろんスマホはこの2点をクリアしているので、スマホだけでXを使えます。一方で、インターネットに接続できるパソコンでもXは使えることになります。さらに最近増えているインターネットに接続できるテレビやゲーム機などの家電製品でもXは使えます。テレビやゲーム機でXを使っている人は少ないですが、パソコンでXを使っている人は多くいます。

▼スマホのXアプリで使う方法がもっとも手軽。

▲パソコンでもXは使える。

01-03

Xをアプリで使う

Xは公式アプリで使うのがもっとも簡単

Xにはスマホ向けに専用の公式アプリがあります。アプリならさまざまな機能を呼び出しやすく、もっとも簡単に使えます。Xが公式に配布している無料のアプリなので、安心して使えます。

Xの公式アプリ

▲Xのアプリにはホーム画面に自分のポストやフォローしている人のポスト、興味のあるポストが表示される。

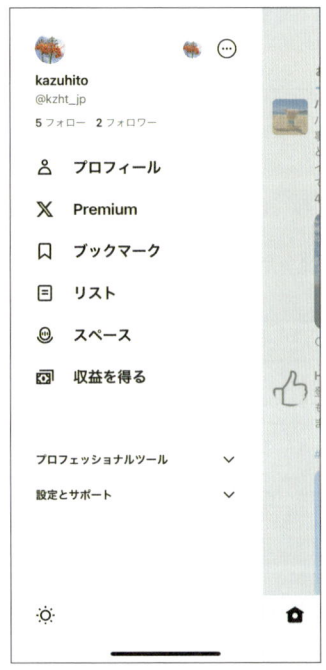

▲アプリ画面からさまざまな機能を呼び出して、Xの操作をわかりやすく使える。

⚠ Check

公式アプリは頻繁にアップデートされる

　公式アプリを使っていると、頻繁にアップデートが行われることに気づきます。小さなプログラムの修正がほとんどですが、時折Xの機能が変更されることによるアップデートもあります。Xを快適に使うためには、常に最新の状態で使えるようにアプリをアップデートしましょう。

01-04

Xをブラウザーで使う

XはブラウザーでWも使える。パソコンならブラウザーが基本

Xはブラウザーでも使えます。スマホのブラウザーでも使えますが、専用アプリが基本的に存在しないパソコンではブラウザーでの利用が基本になります。Chrome、Safariなど、いくつかの種類がありますが、どれでも同じように使えます。

WebブラウザーでXを開く

◀スマホのブラウザーアプリでもXを使える。公式アプリと同じことができる。

▼パソコンは専用アプリが基本的に存在しないので、ブラウザーで使うのが基本。もちろん使える機能の差異はない。

01-05

Xアプリをインストールする

スマホで使うならアプリをインストールしよう

Xはブラウザーでも使えますが、アプリならより快適に使えるようになります。無料の公式アプリが公開されていますので、インストールしましょう。公式アプリはiPhone用とAndroidスマホ用があり、どちらも無料です。

アプリストアからダウンロードする

1 「AppStore」のアイコンをタップ。

2 「検索」をタップ。

3 検索ボックスに「X」と入力して「検索」をタップ。

💡 Hint

あらかじめインストールされている機種もある

　Androidスマホなどで一部の機種には購入時からXアプリがインストールされていることもあります。ただしあらかじめインストールされているアプリはバージョンが古いことがあるので、最新のバージョンにアップデートしておきましょう。

4 Xの公式アプリが検索に表示されるので、「入手」をタップ。

5 インストールが始まる。機種によってはインストール前に指紋認証や顔認証が必要になるので、画面にしたがって認証を行う。

6 「開く」と表示されたらインストールは成功。

⚠ **Check**

過去にインストールしたことがある場合

Xの公式アプリを過去にインストールしたことがある場合、「入手」の部分には「ダウンロード」を示すアイコンが表示されます。

01-06

Xのアカウントを取得する

アプリをインストールしたら、アカウントを取得しよう

Xを見るだけであれば登録しなくてもブラウザーで見られますが、アプリを使ったりポストしたりするにはアカウントの取得が必要です。Xを使うなら、はじめにアカウントを取得しましょう。アカウントの取得は無料です。

アカウントに必要な情報を入力する

01

X をはじめよう

1 アプリのアイコンをタップしてアプリを起動する。

2 「アカウントを作成」をタップ。

3 電話番号の登録ができない場合が多いので、「かわりにメールアドレスを登録する」をタップ。

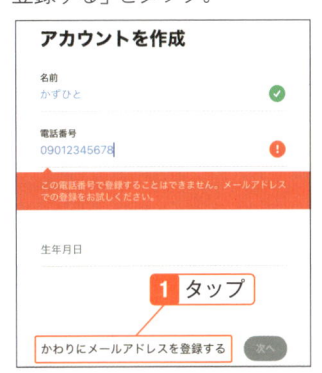

4 名前と電話番号、生年月日を入力して「次へ」をタップ。名前は本名である必要はなく、特に本名を使う必要がなければニックネームなどを使った方が個人情報の扱いの観点からも安全。

5 アプリの画面には広告が表示されるので、オンにしたまま「次へ」をタップ。

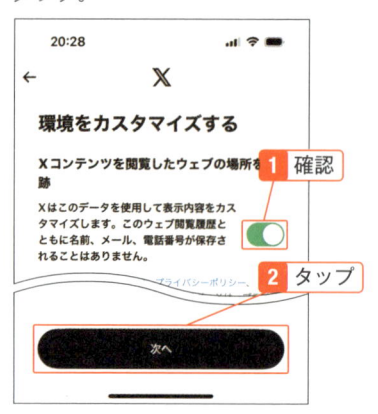

6 名前と電話番号、生年月日を確認して「登録する」をタップ。

⚠️ **Check**

電話番号の登録ができない

　登録に電話番号を使う場合、1つの電話番号につき1つのアカウントに限られます。仮に自分が使っていなくても、以前その電話番号を使っていたユーザーが登録して使わないまま放置していたりすると、電話番号が使えないことがあります。特に電話番号は今、以前使われていたことが多いため、メールアドレスでの登録をおすすめします。なお自分の電話番号が過去に使われてXに登録されていても、電話番号は解約から一定期間を空けて登録され、Xでも電話番号はSMS確認にしか使われないため、特別に危険なことはありません。

7 入力したメールアドレスに届く認証コードを入力して「次へ」をタップ。

8 パスワードを入力する。「パスワードを表示する」をタップすると入力しているパスワードを確認できる。入力したら「次へ」をタップ。

⚠️ **Check**

Xの利用は13歳以上

　登録で生年月日が必要な理由は、13歳未満はXの利用を禁止しているからです。13歳未満になる生年月日を設定してしまうと、アカウントを登録してもすぐに停止されます。

1 プロフィール画像を登録するには、人のシルエットのアイコンに表示されている（＋）をタップ。

2 プロフィール画像に使う写真をタップ。

3 表示する範囲を確認する。スワイプで移動、ピンチアウトで拡大、ピンチインで縮小できる。

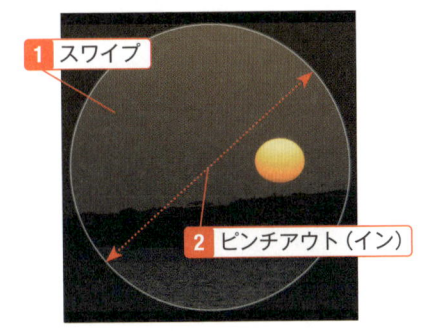

4 枠内の表示を確認して「完了」をタップ。

5 プロフィール画像が登録される。「次へ」をタップ。

01

Xをはじめよう

27

⚠️ Check

プロフィール画像は初期化できない

　プロフィール画像は、初期状態で人のシルエットのアイコンが設定されていますが、一度プロフィール画像を登録すると、初期状態のアイコンに戻すことはできません。他のアイコンに変更することはできます。

⚠️ Check

同じユーザー名は利用できない

　ユーザー名は、すでに利用されているものは使用できません。一般的で単純な記述のユーザー名はほぼ使用されていますので、自分の名前やニックネームなどと、数字や英単語などを組み合わせて作成すると、重複のないユーザー名を付けられます。

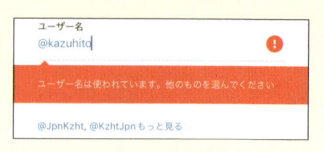

6 自動的に設定されるユーザー名を変更する場合、ユーザー名をタップ。

7 ユーザー名を入力して、「次へ」をタップ。

8 引き続き、興味のあるジャンルのユーザーの設定を行う。「続ける」をタップ。

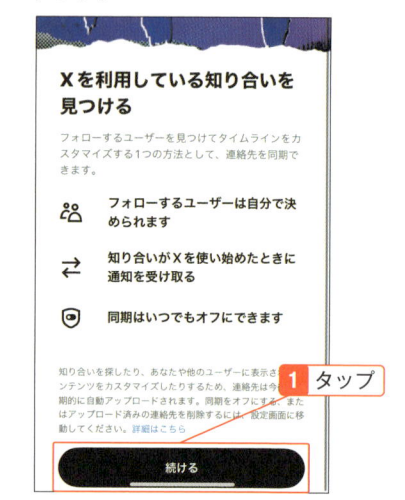

9 連絡先へのアクセス権限を追加するメッセージが表示されるので、「OK」をタップ。

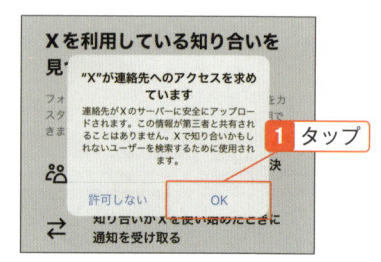

10 興味のある分野をタップ。

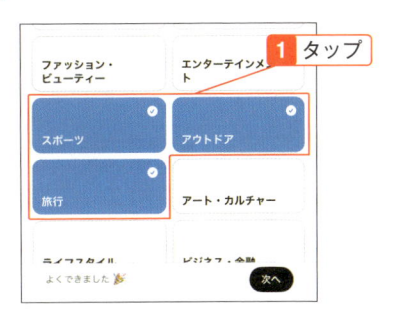

11 興味あるジャンルをタップすると、関連するアカウントを自動的にフォローできる。選んだ分野の詳細なジャンルを選んで「次へ」をタップ。選ばなくても構わない。

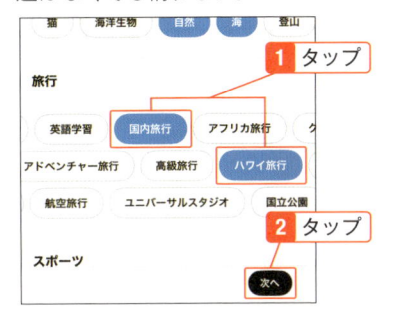

12 「おすすめアカウント」が表示される。フォローしたいアカウントがあれば「フォローする」をタップして、画面下部の「〇件のアカウントをフォロー」または「次へ」をタップ。1つ以上選ぶ必要がある。

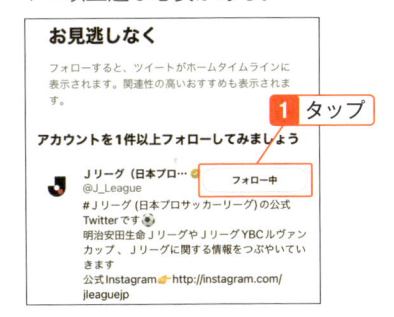

13 フォローしたアカウントに関連するおすすめのアカウントをフォローできる。必要なければ「今はしない」をタップ。

14 登録が完了する。

⚠️ Check

続けてはじめの設定をする

　アプリをインストールしたら、続けて設定画面が表示されます。ここでアプリを終了しても構いませんが、続けてはじめの設定をしておくと、すぐに使えるようになります。

01-07

プロフィールの自己紹介を編集する

詳しい自己紹介を入れることで、信頼性が高まる

アカウントの取得時にプロフィールを仮に入力した状態のままにせず、自己紹介を記入しましょう。プロフィールに自己紹介が細かく書かれていると、どのような人かが相手に伝わりますし、ポストの内容にも信頼性が生まれます。

プロフィールの紹介文や画像を修正する

1 プロフィールのアイコンをタップ。

2 「プロフィール」をタップ。

⚠ Check

プロフィール画面が表示されるとき

手順2で「プロフィール」をタップしてプロフィール画面が表示される場合は、「編集」をタップします。

3 「自己紹介」の文章をタップ。

1 タップ

⚠️ **Check**

居住地の情報は非公開

　プロフィールで使う居住地の情報は、位置情報からおすすめのユーザーを表示するために使われます。公開はされません。また、入力は都道府県までや市町村までなど、任意の範囲で選べます。「日本」だけでも構いません。

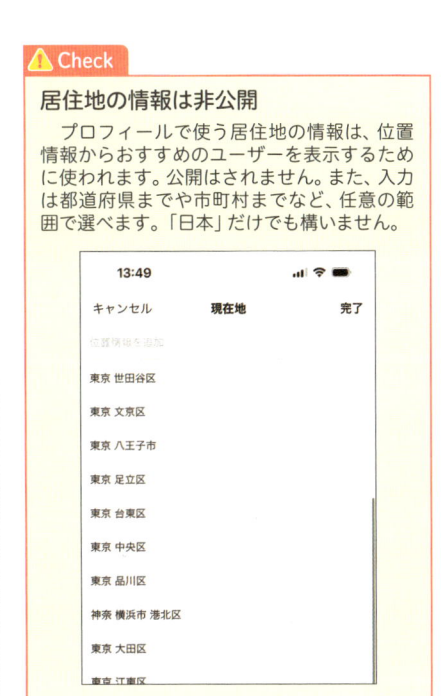

4 自己紹介を入力して「保存」をタップ。

2 タップ

1 入力

5 プロフィールが登録される。

1 確認

01

X をはじめよう

01-08

プロフィールやポストに表示される名前を変える

アカウント作成の時に設定した「ユーザー名」とは別のもの

プロフィールやポストの画面には名前が表示されます。この名前は自由に付けられますし、途中でいつでも変更できます。本名にする必要はなく、ニックネームや、ニックネームをアレンジした名前でもOKです。

表示名を変更する

1 プロフィールのアイコンをタップ。

2 「プロフィール」をタップ。

💡Hint

気分で少しだけ変えるならOK

　表示される名前は自由に変えられるといっても、頻繁にまったく関連のない名前に変更すれば、フォロワーは混乱しますし、信用できないと思われるかもしれません。表示される名前を変えるときは、元の名前に何か追加するといった、「ちょっとした工夫」ぐらいに留めておく方がよいでしょう。

⚠️Check

会社名や団体名なら「実名」を

　Xを会社や団体で使い情報を発信する場合には、実名で表示した方が発信する情報の信用性を保てます。

3 「編集」をタップ。

4 名前をタップ。

5 変更する名前を入力し、「保存」を
タップ。

6 プロフィールに表示される名前が変
更される。

01

Xをはじめよう

ヘッダー画像を変える

プロフィールの背景にあるのが「ヘッダー画像」

プロフィールには背景に「ヘッダー画像」があります。普段ホーム画面を使うことが多いので目にすることが少ないのですが、ヘッダー画像はプロフィールページのイメージづくりに役立ちます。

ヘッダー画像で個性を出す

1 プロフィールのアイコンをタップ。

2 「プロフィール」をタップ。

3 「編集」をタップ。

4 ヘッダー画像をタップ。

💡 Hint

横長の画像を用意する

　ヘッダー画像は横長の長方形になります。あらかじめ用意しておく写真や画像で、どの部分を使うか考えておくとよりよいイメージをつくれます。

5 ヘッダー画像に使う画像をタップ。

6 ヘッダー画像に使う大きさに調整して「適用」をタップ。画像をスワイプすると位置を移動、ピンチアウト、ピンチインで拡大、縮小できる。

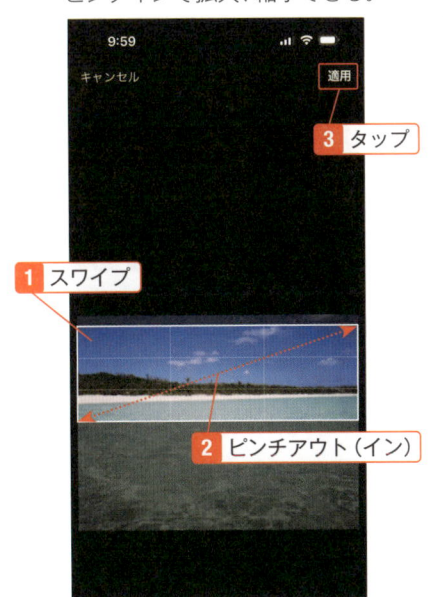

7 「完了」をタップ。

8 ヘッダー画像が変更される。「保存」をタップ。

⚠ Check

ヘッダー画像を削除する

　ヘッダー画像が登録されていると、手順5の画像の選択画面でごみ箱のアイコンが表示されます。ごみ箱のアイコンをタップすると、ヘッダー画像を削除できます。

01-10

自分のアイコン画像を変える

本人の写真でなくてもよく、イラストでもOK

プロフィールに表示されるアイコンは、最初はタマゴのようなイラストになっていますが、好きな画像に変更できます。本人の写真である必要はなく、自由に自分をアピールできます。あらかじめスマホに画像を用意しておきましょう。

アイコン画像を登録する

1 プロフィールのアイコンをタップ。

2 「プロフィール」をタップ。

3 「編集」をタップ。

4 アイコンをタップして「画像をアップロード」をタップ。

⚠ Check

画像の流用には注意

　アイコンには自分で撮影した写真などを使いましょう。他の人の写真を使ったり、SNSから無断で画像をダウンロードして使うと肖像権や著作権の侵害に当たることもあります。

5 アイコンに使う画像をタップ。カメラのアイコンをタップすると、その場で撮影してアイコンにできる。

6 アイコンに使う大きさに調整する。画像をスワイプすると位置を移動、ピンチアウト、ピンチインで拡大、縮小できる。調整後「適用」をタップ。

7 「完了」をタップ。

8 画面右上の「保存」をタップすると、アイコンが変更される。アイコンを変えたことを投稿しない場合は「今はしない」をタップ。

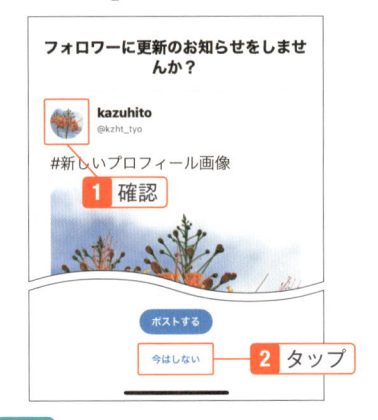

01

X をはじめよう

💡**Hint**

ヘッダー画像を変える

　プロフィールでは、さらにヘッダー画像と呼ばれるプロフィールの背景画像を設定できます（SECTION01-09参照）。ヘッダー画像はプロフィール画面で表示されるものなので、普段の使い方の中で見ることがそれほど多くないこともあり、ここではヘッダー画像はそのままにして進めます。使い慣れてきたらヘッダー画像を設定するとプロフィールが充実します。

01-11

ユーザー名を変える

初期状態のユーザー名は分かりづらいので、好みのものに変えよう

Xに登録すると、「＠」ではじまるユーザー名がランダムに割り当てられます。しかしとても分かりにくい暗号のようになっていますので、今後Xを使っていく上で、はじめに好みの名前に変えておくことをおすすめします。

好みのユーザー名に変更する

1 プロフィールのアイコンをタップ。

2 「設定とサポート」をタップして、「設定とプライバシー」をタップ。

3 「アカウント」をタップ。

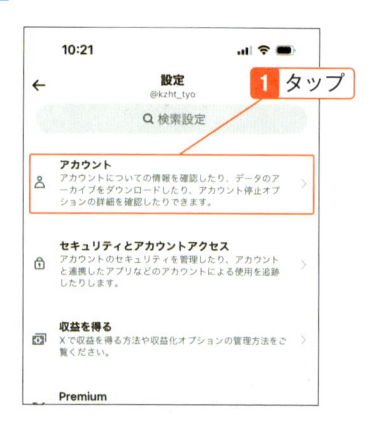

4 「アカウント情報」をタップ。

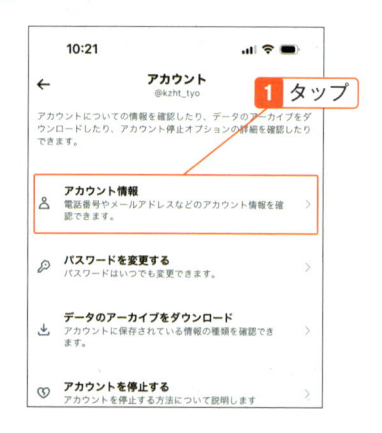

5 「ユーザー名」をタップ。

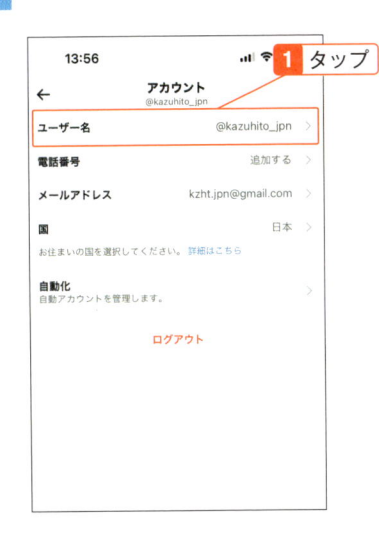

6 ユーザー名をタップ。確認のメッセージが表示されたら「次へ」をタップ。

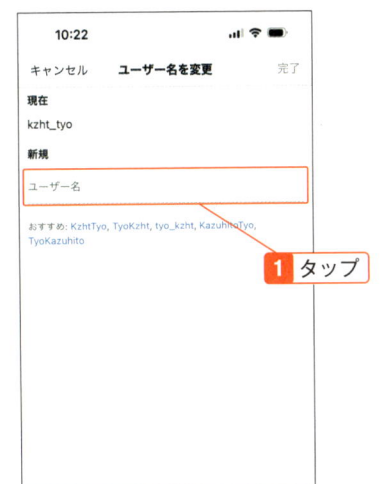

7 変更したいユーザー名を入力して「完了」をタップ。

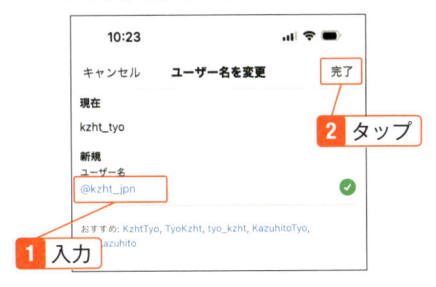

8 ユーザー名が変更される。

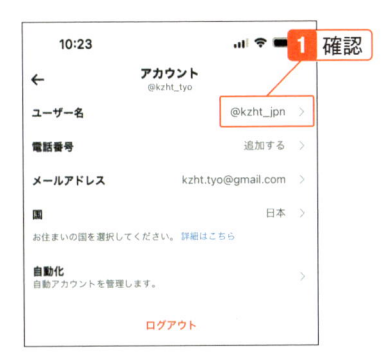

9 アカウント情報のユーザー名も変更されていることがわかる。

⚠️ **Check**

認証が必要になるとき

　ユーザー名などアカウントに関連する情報を変更するとき、認証が必要になることがあります。詳細はChapter01末尾のHintを参照してください。

💡 **Hint**

重複は使えないので工夫する

　ユーザー名がすでに使われている場合、登録できません。多くの「思いつきそうな名前」はすでに使われている可能性が高く、数字やアンダーバー（_）を使ってアレンジしましょう。

Xからログアウトする

スマホだとあまりログアウトする機会がないが、覚えておこう

Xアプリをインストールすると、同時に登録するユーザーIDでログインした状態になります。普段はそのままで構いませんが、パスワードを変更したときなどには一度ログアウトして再度ログインするといった操作が必要になります。

アプリでログアウトする

1 プロフィールのアイコンをタップ。

2 「設定とサポート」をタップし、「設定とプライバシー」をタップ。

3 「アカウント」をタップし、次の画面で「アカウント情報」をタップ。

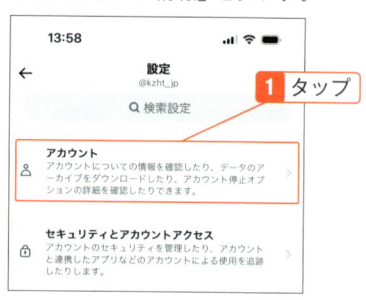

4 「ログアウト」をタップ。メッセージが表示されたら再度「ログアウト」をタップ。

⚠️Check

ログイン画面が表示された

　ログアウト後、ログイン画面に戻ります。再度ログインする方法は、次のSECTION01-13を参照してください。

Xにログインする

メールアドレスとパスワードを忘れないこと

Xアプリでログアウトした場合、次に使うときはログインが必要です。はじめに登録した電話番号またはメールアドレスとパスワードを使いますので、忘れないようにしましょう。忘れてしまうと、ログインできなくなり、再設定が必要になってしまいます。

アプリでログインする

1 アプリを起動して「アカウントをお持ちの方はログイン」をタップ。

2 登録した電話番号、メールアドレス、ユーザー名のいずれかを入力して、「次へ」をタップ。

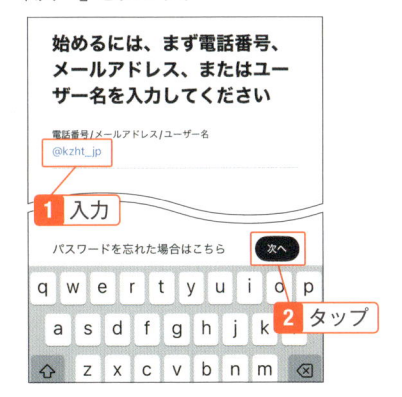

3 パスワードを入力して「ログイン」をタップ。

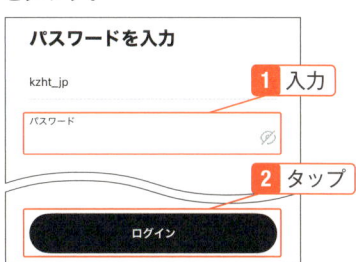

4 Xにログインされる。iPhoneの場合、「パスワードを保存」をタップすると次回以降、パスワードを簡単に入力することができるようになる。

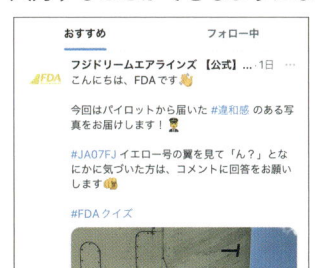

⚠ Check

複数のアカウントを持っている場合

複数のアカウントを持っている場合、同じ電話番号で登録していると、電話番号でのログインはできません。メールアドレスやアカウント名でログインします。

01-14

Xの画面を確認する

「ホーム」画面

❶ **メニュー（プロフィールアイコン）**：メニューを表示する

❷ **切り替えタブ**：「おすすめ」のポストと「フォロー中」のポストを切り替える

❸ **メニュー**：広告の表示回数を減らしたりポストをミュートしたりするメニューが表示される

❹ **返信**：ポストに返信する

❺ **リポスト**：ポストをリポストする

❻ **いいね！**：ポストに「いいね！」を付ける

❼ **表示回数**：ポストが表示された数がカウントされる

❽ **共有**：ポストをほかのアプリなどに共有する

❾ **「＋」**：ポストを投稿する画面を表示する

❿ **ホーム**：ホーム画面を表示する

⓫ **検索**：検索画面やトレンドを表示する

⓬ **コミュニティ**：グループを作りユーザーで情報を共有する

⓭ **通知**：自分宛てに返信やリポストがあったことが通知で表示される

⓮ **ダイレクトメッセージ**：相互フォローしているユーザーにダイレクトメッセージを送る

「メニュー」画面

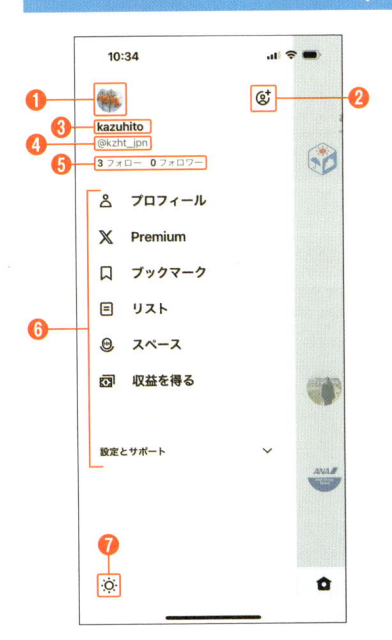

1. **アイコン**：自分のプロフィールに使用しているアイコンが表示される
2. **アカウントメニュー**：アカウントを追加したり整理したりする
3. **表示名**：Xで使われるニックネームを表示する
4. **ユーザー名**：アカウントに登録されているユーザー名を表示する
5. **フォロー数／フォロワー数**：フォローしているユーザーの数とフォロワー（フォローされているユーザー）の数を表示する
6. **メニュー**：さまざまな機能にアクセスするメニューを表示する
7. **表示モード**：画面の背景の白と黒を切り替える

「プロフィール」画面

1. **戻る**：ホーム画面に戻る
2. **アイコン**：自分のプロフィールに使用しているアイコンが表示される
3. **表示名**：Xで使われるニックネームを表示する
4. **ユーザー名**：アカウントに登録されているユーザー名を表示する
5. **編集**：プロフィールを編集する
6. **自己紹介**：自己紹介が表示される
7. **利用期間**：アカウントを登録した時期が表示される
8. **フォロー数／フォロワー数**：フォローしているユーザーの数とフォロワー（フォローされているユーザー）の数
9. **切り替えタブ**：自分のポストに関する表示の内容を切り替える
10. **「＋」**：ポストを投稿する画面を表示する

「ポスト」画面

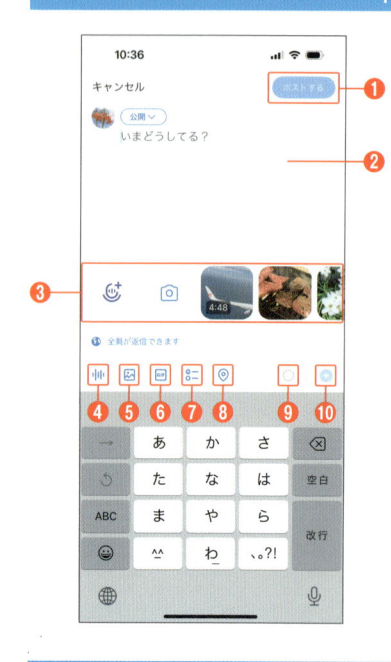

1. **「ポストする」ボタン**：入力した文章を投稿する
2. **入力画面**：投稿する文章を入力する
3. **メディア**：スマホに保存されている写真や動画が表示される。タップすると簡単にポストに添付できる
4. **音声**：音声を録音して投稿に添付する
5. **写真・動画**：ポストに写真や動画を添付する
6. **GIF画像**：ポストにGIF画像を添付する
7. **アンケート**：アンケート形式のポストを作る
8. **位置情報**：ポストに位置情報を添付する
9. **文字数**：入力している文字数をグラフで表示する
10. **ポストを追加**：文字数が入りきらない場合、元のポストとつなげてポストを追加する

「検索」画面

1. **プロフィールアイコン（メニュー）**：メニューを表示する
2. **検索ボックス**：検索するキーワードを入力する
3. **設定**：トレンドの地域を設定する
4. **切り替えタブ**：多くポストされている話題をジャンルごとに分類して表示する
5. **「＋」**：ポストを投稿する画面を表示する
6. **ホーム**：ホーム画面を表示する
7. **検索**：検索画面やトレンドを表示する
8. **コミュニティ**：グループを作りユーザーで情報を共有する
9. **通知**：自分宛てに返信やリポストがあったことが通知で表示される
10. **ダイレクトメッセージ**：相互フォローしているユーザーにダイレクトメッセージを送る

「ホーム」画面（パソコン）

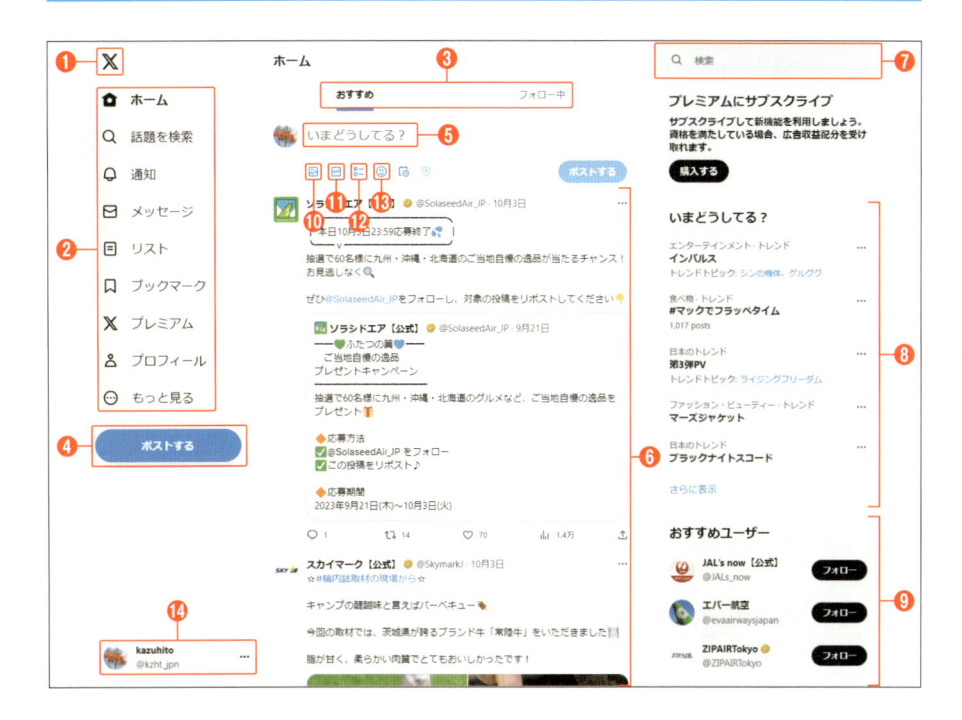

❶ **X アイコン**：ホーム画面を表示する

❷ **メニュー**：さまざまな機能にアクセスする

❸ **おすすめ / フォロー中切り替え**：「おすすめ」と「フォロー中」を切り替えられる

❹ **「ポストする」ボタン**：新しいポストの投稿画面を表示する。または入力した文章を投稿する

❺ **「いまどうしてる？」**：ポストを入力して投稿する

❻ **タイムライン**：フォローしているユーザーの注目のポストや新しいポストが表示される

❼ **検索ボックス**：検索するキーワードを入力する

❽ **いまどうしてる？**：多くポストされている話題のキーワードが表示される

❾ **おすすめユーザー**：ユーザーに合わせたおすすめのユーザーが表示される

❿ **写真・動画**：ポストに写真や動画を添付する

⓫ **GIF画像**：ポストにGIF画像を添付する

⓬ **アンケート**：アンケート形式のポストを作る

⓭ **絵文字**：絵文字を入力する

⓮ **アカウント**：アカウントを切り替えたり別のアカウントを追加したりする

指と動物の方向で操作を認証する

　Xでは、アカウントやプロフィールの情報を変更するときに、コンピューターによる自動的な処理で不正な操作を行っていないかチェックをしています。そのため、情報の変更時には、実在の人物が操作していることを確認する認証画面が表示される場合があります。

　画面では、指と動物のイラストが表示され、向きを合わせることで人が操作していることを確認します。

　もし下のような「アカウントを認証する」という画面が表示されたら、「認証する」をタップして、認証の操作に進みます。

　認証画面では、動物のイラストに表示されている左右向きの矢印をタップして動物を回転させ、左側の指の向いている方向と動物の頭の方向を合わせます。ほぼ同じ向きになったら、「送信」をタップします。

　この認証は、1回で完了する場合や複数回の認証が必要な場合など、状況に応じて回数が変わりますが、正しく認証されれば、アカウント名の変更など認証直前の画面に戻り、操作を続けることができます。

　なお、視覚的な操作が難しい場合は、「音声」をタップすると、音声を聞き、その音声の文字を入力する方法も選べます。

基本的なポストの見かたや
投稿のしかたを覚えよう

Xの基本中の基本は、見ることと投稿することです。どちらも
とても簡単で、誰でも手軽に始めることができます。さらに一
度は聞いたことのある「いいね！」や「拡散」といった今どきの
SNSに欠かせないことをしてみたり、誰かをフォローしたり自
分のフォロワーを増やしたり、ポストに返信してコミュニケー
ションが広がったり、楽しさは増えていきます。

表示されているポストを見る

ポストは「ホーム」画面に表示される

アプリを起動すると、「ホーム」と呼ばれる画面が表示され、自分が興味のあるユーザーのポストや興味のある話題に関連するポストが表示されます。「ホーム」画面では、話題の重要性と新しさを加味した順序で表示されます。

ポストを表示する

1 アプリを起動すると、「ホーム」画面が表示され、ポストが表示される。

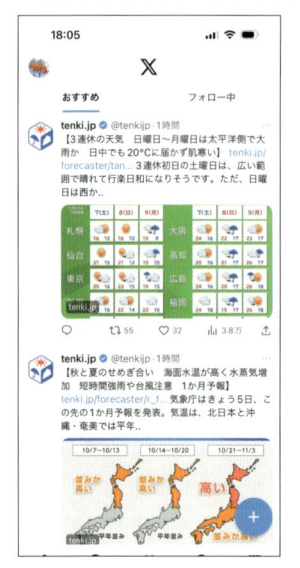

2 画面を下にスクロールすると、さらにポストが表示される。

⚠ Check

ポスト全体を表示する

ポストをタップすると、そのポストだけが画面全体で表示されます。

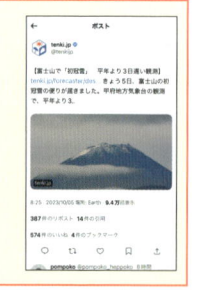

02-02

いま思ったことをポストする

今の気分や出会ったできごとなど、自由にポストしてみよう

Xにポストすれば楽しみは広がります。いま思ったこと、いま起きた出来事、なんでも自由にポストしましょう。内容に制限はありませんが、自分の発言には責任を持ち、常識の範囲で誰もが不快にならないポストを心がけます。

Xに投稿する

1 「＋」をタップ。

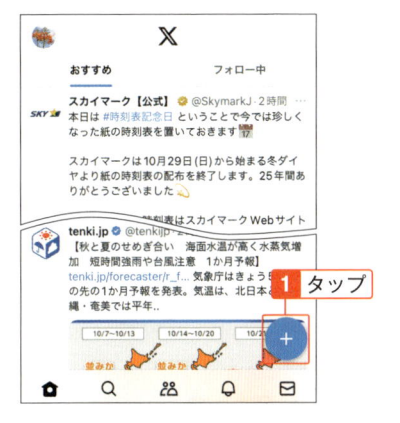

2 投稿する文章を入力して「ポストする」をタップ。

⚠ Check

ポストが表示されないときは

ポストしても表示されない場合は、下にスワイプして画面を更新すると表示されます。また「フォロー」タブでも確認できます。

3 入力した内容が投稿される。このポストは全世界どこからでも見ることができる。

⚠ Check

利用者が実在することを確認する

ポストを送信すると、はじめのうちはときどき確認の画面が表示されます。内容はいくつかありますが、いずれも操作することで、実際に利用している人がいることを確認しています。ロボットなどによる自動的なポストや不正な利用を抑止するために確認が行われています。

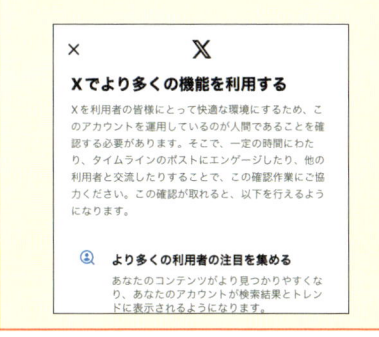

02-03

他のユーザーをフォローする

興味を持ったユーザーのポストをチェックしよう

興味を持ったユーザーを見つけたのでポストを見たい。そんなときは「フォロー」します。自分がフォローすれば、相手にとって自分は「フォロワー」になります。友だちや気になるユーザー、企業の公式アカウントなどをフォローしてみましょう。

他のユーザーのフォロワーになる

1 フォローするユーザーのページを表示して「フォローする」をタップ。

2 フォローが登録されて自分のホーム画面にポストが表示される。

📓 **Note**

フォローし合うと「相互フォロー」

　たとえば友だちをフォローして、自分もその友だちにフォローされているように、相互がフォローし合っている状態を「相互フォロー」と呼びます。それに対して片側だけのフォローを「片思いフォロー」や単に「片思い」と呼ぶこともあります。

💡 **Hint**

フォローしたユーザーのポストが表示される

　興味のあるユーザーをフォローすると、自分のホーム画面にフォローしたユーザーのポストが表示されるようになります。つまり、フォローしたあとはそのユーザーのページを探して表示しなくても、ポストをいつもチェックできるようになります。

02-04

フォローしているユーザーの
フォローをやめる

フォローをやめた人のポストはホーム画面から消える

興味があってフォローしたものの、興味がなくなったのでフォローをやめたい、そんなときはフォローを外します。フォローを外すことを「リムる」（Removal ＝除去する）と言うこともあります。

フォローを解除する

1 フォローをやめるユーザーのページを表示して「フォロー中」をタップ。

2 「@（ユーザー名）さんのフォローを解除」をタップ。

3 フォローが解除され、ユーザーのページに「フォローする」と表示される。

02

基本的なポストの見かたや投稿のしかたを覚えよう

ポストからフォローを解除する

1 フォローを解除するユーザーのポストの「…」(メニュー) をタップ。

2 「@ (ユーザー名) さんのフォローを解除」をタップ。

3 フォローが解除される。「取り消し」をタップすると、フォロー解除を取り消せる。

⚠Check

友だちのフォロー解除は慎重に

　相互フォローしていた仲の良い友だちなどのフォローを解除すると、たとえ「少しホーム画面の投稿を減らしたい」程度の理由などで大意はなくても、さまざまな憶測を呼ぶこともあります。それが元で関係にトラブルを生むこともあります。特に直接の知人のフォローを解除するときは慎重に行いましょう。

⚠Check

フォローを外すとホーム画面からポストが消える

　フォローを外すと、そのユーザーのポストは自分のホーム画面から消え、表示されなくなります。直前まで表示されていたポストも表示されなくなり、この先のポストも表示されなくなります。

02-05

他の人のポストに「いいね！」を付ける

「いいね！」で相手に共感や賛成を伝えられる

ポストに付ける「いいね！」は、そのポストに対して共感を伝えるための方法です。感想を詳しく書く必要はなく、簡単で手軽に相手に気持ちを伝えることができるため、ポストに反応する方法としては、もっともよく使われています。

「いいね！」を付ける

1 ポストの「いいね！」をタップ。

2 「いいね！」が付く。

📔 Note

「やだね」は存在しない

FacebookなどのSNSには、「いいね！」の他にも「驚き」や「悲しい」、「反対」などいくつかの反応を示す機能を持ったものがありますが、Xでは「いいね！」しかありません。

💡 Hint

Xからのアドバイス

いくつかの場面ではじめて操作したときには、Xからのアドバイスや応援のメッセージが表示されます。Xの機能を使いこなしていく過程を感じることができます。

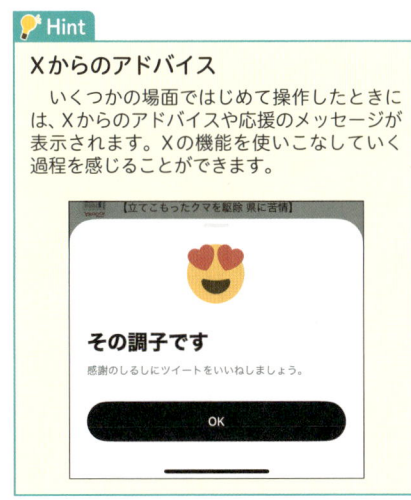

「いいね！」を取り消す

1 ポストの「いいね！」をタップ。

2 「いいね！」が取り消される。

💡 Hint

メモ代わりに利用する

　「いいね！」を付けると、あとから「自分が「いいね！」を付けたポストだけを見ることができます。時間が経ってから過去のポストを探すのは苦労しますので、必要な情報に「いいね！」しておくとメモ代わりにも使えます。

💡 Hint

ポストの画面から「いいね！」を付ける

　ポストをタップして表示した画面からも「いいね！」を付けられます。

02-06

ポストを拡散する

「リポスト」で他の人のポストをそのまま自分が公開する

「リポスト」は他の人のポストをそのまま自分も公開し、広めることです。自分がリポストしたポストは、ユーザーによる検索や自分のフォロワーが見られるようになり、それがさらにリポストされれば、次々と広がって（拡散して）いきます。

リポストとは

　リポストは、誰かのポストをそのまま自分が転載することです。このとき、自分のポストになるのではなく、あくまでポストしたのは元のユーザーのまま、「自分が転載したポスト」として投稿されます。

　たとえばAさんのポストを自分がリポストした場合、自分のフォロワーのホーム画面に表示されますが、このとき「Aさんのポストを自分がリポストした」という状態で表示されます。「Aさんのポストの内容をコピーして自分のものとしてポストした」ではありません。

　つまり、リポストされてもポストしたユーザーはずっと元のAさんのままで、これが繰り返されるとAさんのポストが世界中数億人のユーザーに広がっていくことになります。

02

基本的なポストの見かたや投稿のしかたを覚えよう

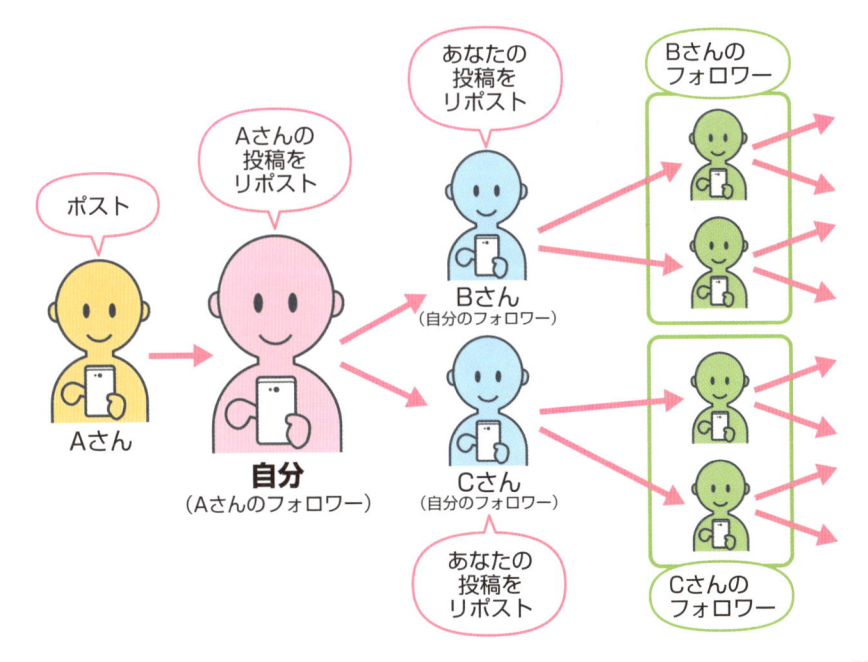

ポストをリポストする

1 リポストするポストを表示して「リポスト」をタップ。

2 「リポスト」をタップ。

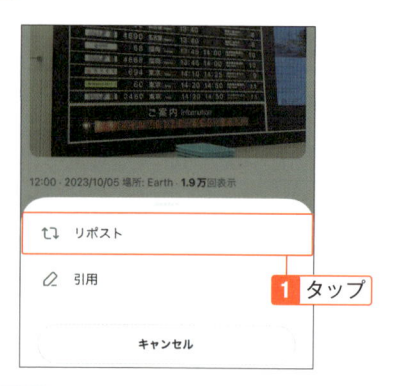

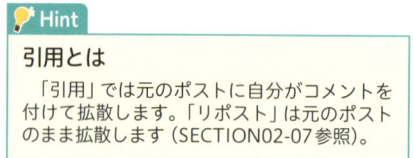

💡 **Hint**

引用とは

「引用」では元のポストに自分がコメントを付けて拡散します。「リポスト」は元のポストのまま拡散します（SECTION02-07参照）。

3 アイコンの色が変わり、リポストされる。

4 自分のホーム画面にも表示され、リポストされていることが表示される。

02-07

ポストにコメントを付けて拡散する

他の人のポストにコメントを付けて自分が公開する

ポストを拡散するときに、元のポストに加えて自分のコメントを付けることができます。
これを「引用」と言います。引用では自分のフォロワーに、自分のポストとして引用元の
ポストが付いた状態で表示されます。

コメントを付けてリポストする

1 引用するポストを表示して「リポスト」をタップ。

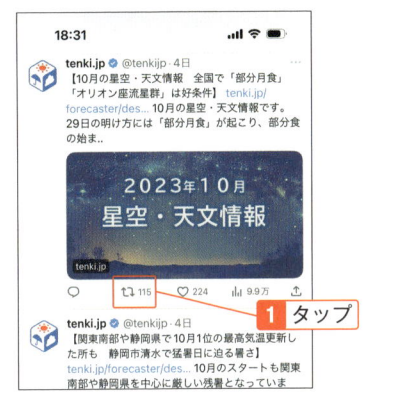

2 「引用」をタップ。

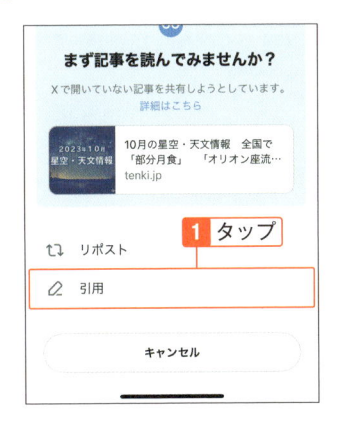

3 コメントを入力して「ポストする」をタップ。

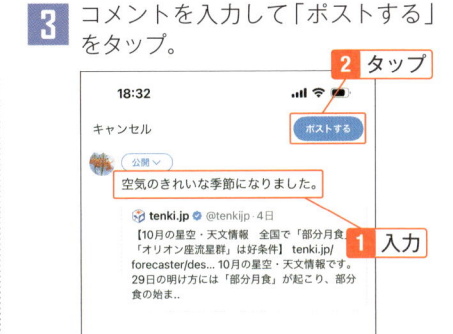

4 コメント付きでリポストされ、ホーム画面には自分のポストとして表示される。

02-08

ポストに返信する

特定の人への返信でも、他のみんなからも見えるので注意

他の人のポストに返信（リプライ）すると、会話のように話題が広がります。返信は公開されますので、メールのような1対1のコミュニケーションというよりは、公開された会話や議論のような意味合いになります。

リプライをポストする

1 返信するポストの「返信」アイコンをタップ。

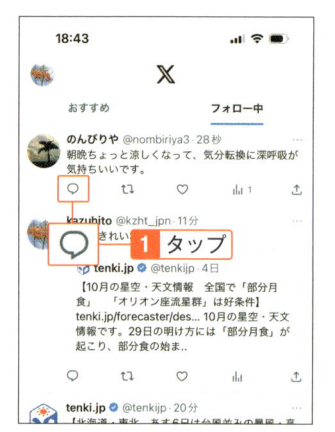

2 「返信をポスト」をタップ。

📝 **Note**

「リプ」とも呼ばれる

返信は「リプライ」と呼ばれますが、「リプ」と略されて使われることも多くあります。

3 返信を入力して「ポストする」をタップ。

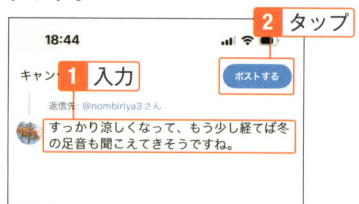

4 返信が投稿される。返信には冒頭に返信先のアカウントが表示される。

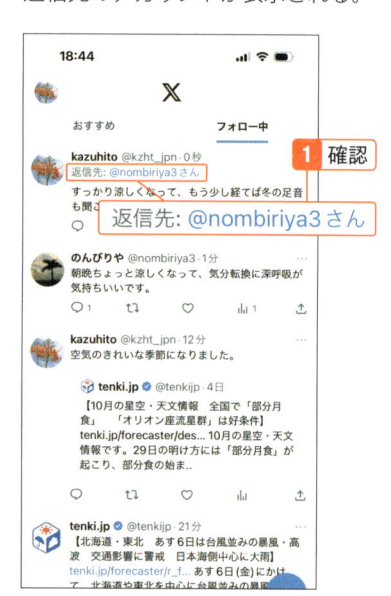

02-09

ハッシュタグを付けてポストする

同じテーマに興味をもっている人に見つけてもらいやすくなる

ポストの内容に関連する言葉を「ハッシュタグ」として付けておくと、共通の話題を探している人から見つけてもらいやすくなります。また、同時に同じ話題で盛り上がるといったことにもハッシュタグが役立ちます。

キーワードに「#」をつけてポストする

1 「＋」をタップ。

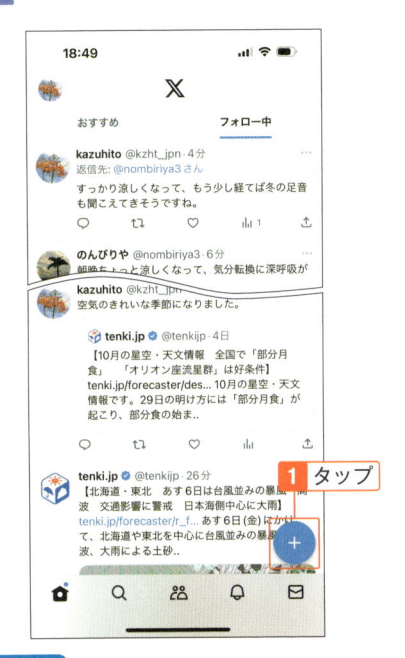

2 投稿内容を入力する。

📖 Note

なぜ「ハッシュタグ」というの？

インターネット上で検索に使うキーワードや情報を「タグ」と呼ぶことがあります。「タグ」とは「名札」のようなもので、名札を付けることでそれがどこにあるかを特定できるようになる機能です。Xではタグを設定するときはキーワードの前に「#」（ハッシュ記号）を付けるため、「ハッシュタグ」と呼ばれます。

⚠️ Check

ハッシュタグには記号が使えない

ハッシュタグには記号が使えません。「！」や「…」、「、」、「。」などを入力しても、その部分は通常のポストの一部として認識されます。また、キーワードの途中に記号が入ると、記号の直前までがハッシュタグとなり、それ以降はポストの一部になりますので、キーワード全体をハッシュタグにすることができません。ハッシュタグはシンプルな言葉で表現しましょう。

3 「ハッシュ記号」を入力し、続けてキーワードを入力して、「ポストする」をタップ。

4 ハッシュタグ付きのポストが投稿される。

ハッシュタグは何個でも

　ハッシュタグは1つのポストに何個でも入力できます。ただしあまりに数が多いと「ポストを検索してもらいたくてこんなことをしている」と勘繰られますので、特別な理由がない限り数個程度に留めておきましょう。

ハッシュタグを文章の途中に入れる

　ポストの文章にハッシュタグに使うキーワードそのものが含まれる場合、前後にスペースを空けてハッシュタグを文章中に組み込んでしまうこともできます。

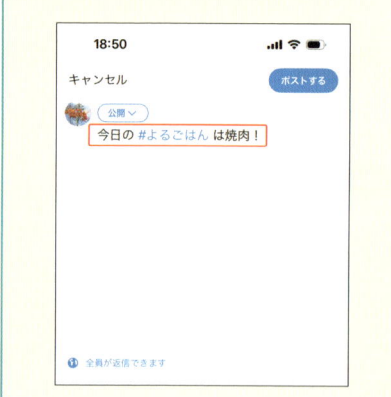

ハッシュタグの候補から選ぶ

　ハッシュタグを入力すると、最近多くのユーザーが投稿しているハッシュタグの候補が表示されます。候補の中から選ぶことで、他のユーザーに見てもらえる可能性が上がります。

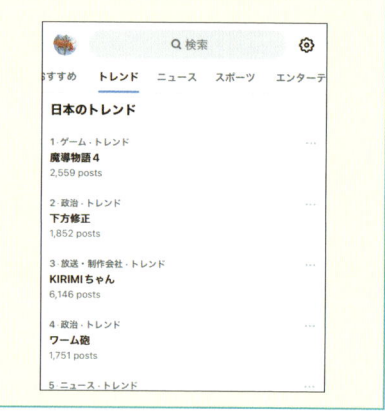

「ハッシュ」と「シャープ」の違いに注意

　「ハッシュタグ」の「#」（ハッシュ記号）を見て、音楽で使われる「シャープ記号」と同じと思う人が多いかもしれません。しかし厳密にいえばシャープは「♯」で、ハッシュ「#」とは異なる文字です。パソコンのキーボードで直接入力できる [Shift] + [3] は「#」なので「ハッシュ記号」になります。

02-10

ハッシュタグを使ってポストを探す

特定の話題について、いろんな人のポストを見たいときに便利

同じハッシュタグのポストを検索すると、共通の話題を効率よく探せます。ハッシュタグ無しのキーワード検索もできますが、ハッシュタグで検索した方が、そのキーワードを意識したポストだけが表示されるので、知りたい情報を見つけやすくなります。

ハッシュタグで検索する

1 「検索」をタップ。

2 検索ボックスにハッシュ記号に続けてキーワードを入力し、ハッシュタグにしたら「検索」をタップ。

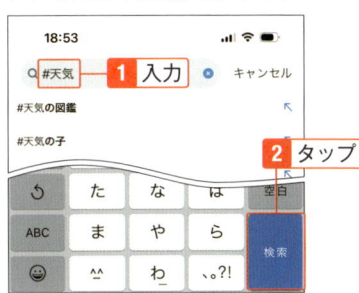

3 ハッシュタグを含むポストが検索される。

💡 Hint

ただのキーワード検索よりも絞り込める

ポストを検索するときに、ハッシュタグを使うと、ハッシュタグが付いている投稿だけを検索できます。ハッシュタグは投稿したユーザーが「ハッシュタグに関連する投稿である」ことを宣言しているような意味もありますので、キーワードに関わる情報を入手しやすくなります。一方でキーワードだけで検索すると、そのキーワードが含まれる投稿がすべて表示されてしまい、かなり多くなります。その中には必ずしもキーワードについて書かれた文章ではない可能性もあり、必要な情報を探すのに手間がかかります。

02-11

ポストについたコメントを見る

自分宛てのコメントを確認して、返信もできる

自分のポストにコメントが付くのはうれしいものです。コメントがあると通知が届くので見逃しません。付いたコメントに返信したり、「いいね！」を付けたりできます。1つのポストからコミュニケーションが始まることもXではよくあります。

通知画面でコメントを見る

1 自分宛てのポストにコメントが付くと通知に数字が表示されるので、「通知」をタップ。

2 通知画面にコメントが表示される。

3 自分のポストを確認すると、コメントがつながって表示される。

⚠ **Check**

コメントに返信する

　コメントにも、ポストと同じようにさらにコメントを付けることができます。コメントを使ってコメントに返信すれば、会話のように話題が広がります。

02-12

そのときに話題を集めているポストを見る

みんなが今、関心を持っている話題を見つけられる

Xでは、そのときに多くの話題となっているキーワードが「トレンド」として表示されます。トレンドは国内や海外、分野ごとにまとめられ、トレンドに表示されることを「トレンドになった」と言われます。

ポストをトレンドから見る

1 「検索」をタップ。

2 「トレンド」をタップし、気になるキーワードをタップ。

3 キーワードを含むポストが表示される。

📄 **Note**

「おすすめ」は自分の趣向に合わせたトレンド

「おすすめ」タブには、自分の趣向に合わせたトレンドが表示されます。過去のポストや参照履歴などから、興味のありそうな話題をXが判断してトレンドを表示します。一方「トレンド」には基本的に「日本国内で多くポストされているキーワード」が表示されます。トレンドに表示される国は設定で変更できます。

さまざまな話題の探し方

　ハッシュタグでポストを検索したり、トレンドを選んだりすれば、リアルタイムで盛り上がっている話題についてさまざまな投稿を見ることができます。さらに検索画面では、ニュースやスポーツ、エンターテイメントなどで分類したタブがあり、それぞれを表示することで、簡単に今の話題を見ることができます。

　また、興味のないトレンドは、メニュー（「…」）から「興味がない」を選択することで削除でき、自分が興味のある話題に絞り込んでいくことができます。

▲「ニュース」タブでは、今注目されているニュースに関連するキーワードが表示される。

▲「スポーツ」タブや「エンターテイメント」タブでは、ジャンルを絞った話題を探せる。

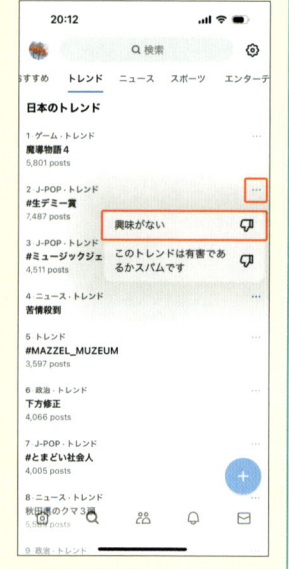

▲興味のないキーワードは、メニューから「興味がない」を選択して表示しないようにすることで、より自分が興味のある話題に絞り込んでいける。

ポストを使いこなそう

Xは使いこなすほど、さまざまな楽しみ方ができるSNSです。写真や動画をポストしたり、より効率よく知りたいことを探したりできます。XがほかのSNSと大きく違うのは、手軽だからこそ無限に多くの情報が投稿されていて、基本的に公開されていることです。そんな果てしなく広い世界の中でXを使いこなし、情報ツールとして、コミュニケーションツールとして、毎日の「今」に役立てましょう。

03-01

文字と一緒に写真を投稿する

写真を載せる際は、写っている人や物の内容に気を付けること

Xに写真を投稿するときには、内容に十分な注意が必要です。他人が写っていたり、あるいは他人が投稿した写真を転載する場合など、事前に許可を取らないと肖像権や著作権の問題で思わぬトラブルになることもあります。

写真を付けて投稿する

1 「＋」をタップ。

1 タップ

2 文章を入力して、画像のアイコンをタップ。

1 入力

2 タップ

💡 Hint

画像の下に説明を表示する

ポストに画像をつけて投稿するとき、「+ALT」をタップして説明を追加すると、表示されるポストの画像の下に説明を表示することができます。

⚠️ Check

写真の「写り込み」に注意

投稿する写真にもし一緒に写っている人物がいれば、あらかじめ載せていいか確認しましょう。また背景などに映り込んでいる人物が原因でトラブルになることもあります。投稿する前に内容を十分に確認して、必要に応じてアプリの編集機能で隠すなどの加工をしましょう。

3 載せる写真をタップして、「追加する」をタップ。

4 「ポストする」をタップ。

5 写真が文章と一緒に投稿される。

💡 Hint

複数の写真も選択できる

　写真は複数選択できます。複数の写真を投稿した場合は、ポスト画面には小さくまとめられ、タップすると1つずつ写真を見ることができます。

03-02

動くイメージイラストを載せてポストする

GIF動画をポストに入れられる

Xには、さまざまな気持ちや状態を表している動く画像が用意されていて、自由に利用できます。この画像は「GIF動画」（ジフ動画）と呼ばれ、静止画を重ねてパラパラ漫画のような仕組みで動くように作られています。

ポストにGIF動画を載せる

1 「＋」をタップ。

2 文章を入力して、「GIF」をタップ。

3 「GIF画像をキーワード検索」をタップ。

📝 Note

GIFとは

「GIF」とは「Graphics Interchange Format」の頭文字で、画像形式の一種です。インターネットの黎明期から存在して、サイズが小さいことが特徴である一方、使える色数が限られる（通常256色）といった制限もあります。また、静止画を重ねて動画のようにできる「GIF動画」が作れることも特徴です。

4 キーワードを入力して「検索」を
タップ。

5 使う画像をタップ。

6 ポスト画面にGIF動画が挿入されるの
で「ポストする」をタップ。

7 GIF動画つきのポストが投稿される。

💡 **Hint**

GIF動画を自分で作る

　GIF動画は、複数の静止画像を重ね合わ
せることで作成できます。スマホに保存した
画像を、GIF動画を作成できるアプリを使っ
てGIF動画にして保存すれば、オリジナルの
GIF動画をポストできます。自分で作成した
GIF動画は、通常の画像や動画を付けて投稿
する方法で投稿できます。

03-03

ポストに動画を載せる

著作権や肖像権、動画のサイズなどにも気を配ろう

動画は多くの人に注目されます。Xに動画を載せたことがきっかけで世の中に広く拡散されることもあります。動画のポストはたいへん効果の高い一方で、トラブルの原因にもなりますので、内容はしっかり確認しましょう。

動画を付けてポストする

1 「＋」をタップ。

2 文章を入力して画像のアイコンをタップ。

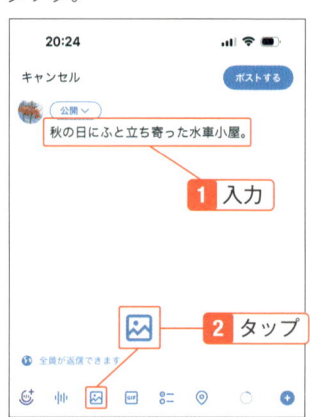

3 載せる動画をタップ。

⚠ Check

ファイルサイズは小さめに

　動画は写真や文字のデータに比べて、非常に多くの情報を持っているため、ファイルサイズが大きくなる傾向があります。通信料や通信時間もかかりますので、録画サイズを小さくする、時間を短くするなどの工夫でできるだけファイルサイズを小さくしましょう。

4 動画を切り取る。下に表示されているタイムラインの開始部分と終了部分をドラッグして、再生する長さを調整し、「切り取り」をタップ。

5 「追加する」をタップ。

6 動画がポストに付けられるので、「ポストする」をタップ。

7 動画が文章と一緒にポストされる。

> ⚠ **Check**
>
> ### センシティブな内容
>
> 　動画を投稿するときに、もしその内容に成人向けや暴力シーン、グロテスクな映像などが含まれる場合は、「センシティブな内容」として登録します。法律上認められている範囲であれば投稿が可能ですが、「センシティブな内容」として登録しないと、規約違反になり運営からポストの削除を要請されるといったこともあります。特にそのような内容を含まない場合は、何もしなくて構いません。
>
>

03-04

写真にタグ付けする

一緒に写真に写っている人の情報を追加できる

写真を付けて投稿するときに、写真には一緒にいる人を「タグ付け」という情報で追加することができます。ただしタグ付けするときは、その人にタグ付けしていいかどうかを確認しましょう。タグ付けされるのが嫌な人もいるかもしれません。

他のユーザーをタグ付けする

1 投稿画面で写真を追加し（SECTION03-01）、「ユーザーをタグ付け」をタップ。

📓 Note

「タグ」は「名札」のこと

「タグ」はデータに付ける「名札」のようなもので、写真のように文字で検索できないデータに「名札」を付けることで検索できるようにする機能です。

⚠ Check

タグ付けは拒否できる

タグ付けは設定で拒否できます。タグ付けを許可していないユーザーはタグ付けできません。

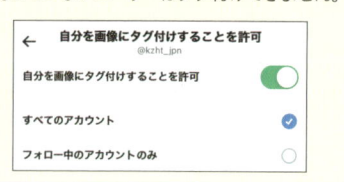

2 タグ付けするユーザーをタップ。表示されない場合は「タグ：」をタップ。

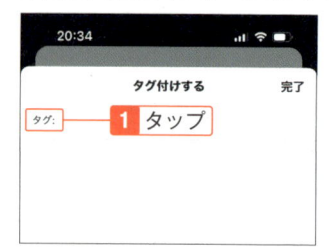

3 ユーザー名やアカウント名を入力し、タグ付けするユーザーを検索してタップ。

📓 Note

本来は一緒に写っている人を登録する機能

タグ付けは本来、写真に一緒に写っている人を登録するための機能でした。ただ個人情報に敏感になったこともあり、自分の写真を積極的に載せることを控える傾向にあります。そこでタグ付けはもっと広く、関係する人の情報を追加する目的で利用されています。

4 ユーザーが追加された。「完了」を
タップ。

5 「ポストする」をタップ。

6 ポストの写真にユーザーがタグ付け
される。

⚠️**Check**

タグをタップするとプロフィールを表示

写真に付けられたタグをタップすると、そ
のユーザーのプロフィール画面に移動します。

ポストを削除する

いったん公開したポストの編集はできないので削除する

ポストして公開したら、誤字の修正や内容の追加などは、通常できません。どうしても修正が必要な場合は、削除してあらためてポストします。削除前にフォロワーに見られていることもありますので、普段から、送信前に内容を確認してポストしましょう。ただし、X Premium（有料プラン）に登録すれば一定の条件で修正ができます。

ポストを削除する

1 削除するポストを表示して、「…」メニューをタップ。

2 「ポストを削除」をタップ。

3 「削除」をタップ。

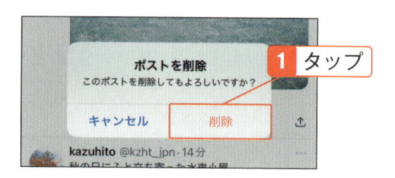

4 ポストが削除される。

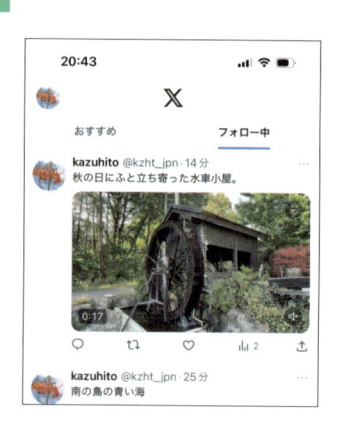

> ⚠ **Check**
>
> **削除したポストは戻せない**
>
> ポストは削除すると元に戻すことはできません。削除するときは、本当に削除してもよいか確認しましょう。

03-06

最新のポストを表示する

ホーム画面を更新すると、最新のポストが表示される

アプリを開いたときには自動的に新しいポストを読み込みますが、手動で最新の状態に更新することもできます。特に何かしら話題が集中する出来事が起きたときなど、続々と投稿される情報がある場合に有効な方法です。

ホーム画面を更新する

1 ホーム画面で「ホーム」をタップ。

2 画面が最上部までスクロールし、最新のポストが表示される。

⚠ Check

アイコンに●が付く

ホーム画面に新しい情報が読み込まれると、アイコンの右上に「●」が表示されます。

💡 Hint

投稿した人のアイコンでもOK

画面上部に表示される、投稿したアカウントのアイコンをタップしても画面をスクロールできます。

1 ホーム画面を下向きにドラッグ。

2 更新されている情報が読み込まれる。

3 ホーム画面が更新される。

⚠ Check

通信状態が悪いときは読み込みを中止する

通信状態が悪いときなど、最新のポストが読み込めないときには、読み込み中の画面が続きます。画面をタップすると読み込みを中止します。

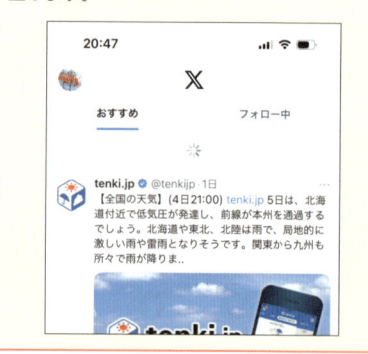

💡 Hint

「おすすめ」は次々と更新される

「おすすめ」タブでタイムラインを更新すると、表示されるポストがほぼ毎回更新されます。新しいポストだけではなく、興味があると推測されるポストやフォローしているユーザーに関連するポストなどから、さまざまなポストが表示されます。

03-07

「おすすめ」と「フォロー中」を切り替える

「おすすめ」タブには、最新のもの以外のポストも表示される

アプリの画面には初期状態で「おすすめ」と「フォロー中」のタブがあります。「おすすめ」には最新ポストに加えて興味があると思われるポストなどを加味して表示されますので、幅広く情報を収集できるメリットがあります。

「フォロー中」に切り替える

1 「フォロー中」をタップ。

1 タップ

2 フォロー中のユーザーの最新ポストが表示される。

03

ポストを使いこなそう

💡 **Hint**

表示するタブの状態は保存される

「フォロー中」タブを表示した状態でアプリを終了すると、次に起動したときは「フォロー中」タブが表示されます。ただしアプリをバージョンアップした場合など、状況によって「おすすめ」タブが表示されている状態に変わることもあります。タブには「リスト」を登録しておくこともでき（SECTION06-01）、必要なポストの表示にすばやく切り替えられる便利な機能です。

通知を確認する

自分のポストに誰かが反応すると、いち早く知ることができる

アプリの通知は、自分のポストに「いいね！」が付いたり返信があったりしたときに表示されます。通知を使えば、このようなすぐに知りたいことを、遅れることなく確認することができます。

アプリの通知画面を確認する

1 通知に表示されている数字を確認してタップ。

2 通知されている内容が表示される。

💡 Hint

通知される時と場所はいろいろ

通知はさまざまな場面で届きます。誰かにフォローされたり、自分のポストに返信がポストされたり、「知りたい」と思う場面で通知が届きます。通知はバナーやアイコンのバッジなどにも表示されます。なお、どのようなときに通知されるかは、Xアプリの設定画面またはiPhoneの設定アプリで変更できます。

▲フォローされると通知が届く

▲返信がポストされると通知が届く

▲通知の数はバッジでも確認できる

03-09

自分のポストだけを表示する

プロフィール画面で、自分のポストだけを見られる

「ホーム」画面にはフォローしているユーザーのポストや広告が表示されますが、自分の
ポストだけを見たいときには、プロフィール画面を表示します。プロフィール画面には
自分のポストや、自分が投稿した返信コメントだけが時間順に表示されます。

プロフィール画面を表示する

03

ポストを使いこなそう

1 アカウントアイコンをタップ。

2 自分のアイコンをタップ。

💡 Hint

スワイプでメニューを表示する

　アプリの場合、画面を左から右にスワイプ
してメニューを表示することもできます。

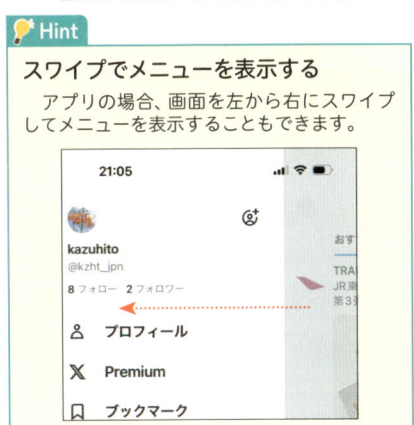

💡 Hint

プロフィール画面を直接開く方法

　ホーム画面に自分のポストが見えている場
合、そのポストのアイコンをタップするとプ
ロフィール画面を表示できます。メニューを
表示する必要がありません。

3 自分のポストが表示される。タブを
タップして切り替えられる。

4 「ポスト」タブには、ポストとリポス
トが表示される。

5 「返信」タブには、それらに加えて返
信のポストも表示される。

💡Hint

特定のユーザーのポストだけを見る

自分のポストだけを見るときと同様に、他
のユーザーのプロフィール画面を表示すれば、
そのユーザーのポストだけを見ることができ
ます。

03-10

自分のフォロワーを確認する

自分をフォローしているユーザーが「フォロワー」

自分をフォローしているユーザーを「フォロワー」と呼びます。一覧からプロフィールを開いて、自分のフォロワーがどのような人か確認できます。特に著名人の場合、フォロワーの数はそのユーザーがどれだけ注目されているかを示す1つの目安にもなります。

フォロワーの一覧を見る

1 アカウントアイコンをタップ。

2 「フォロワー」をタップ。

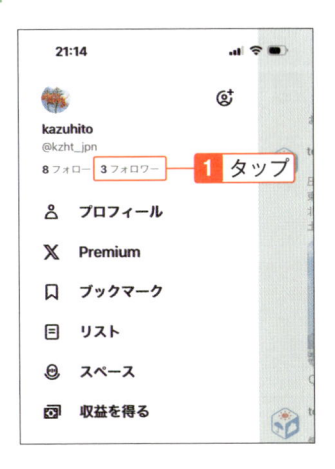

3 「フォロワー」タブにフォロワーが表示される。

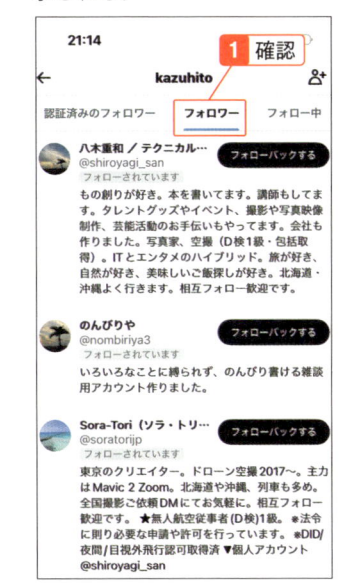

📋 **Note**

フォロワーをフォローバックする

　フォロワーの一覧で「フォロー中」と表示されているユーザーは自分もフォローしています。「フォローバックする」と表示されているユーザーは自分がフォローしていません。プロフィールを確認して相互にフォローし合うのもコミュニケーションを広げる方法の1つです。自分をフォローしてくれたユーザーをフォローし返すことを「フォローバック」（略してフォロバ）と言います。

81

03-11

自分がフォローしているユーザーを確認する

自分が誰のフォロワーになっているか、時々確認しよう

フォローする数が増えてくると、どのような人をフォローしているのかわからなくなってしまうかもしれません。ときどき自分がフォローしているユーザーを確認しておくと、必要に応じて削除するといった整理もできます。

フォロー中のユーザーを確認する

1 アカウントアイコンをタップ。

2 「フォロー」をタップ。

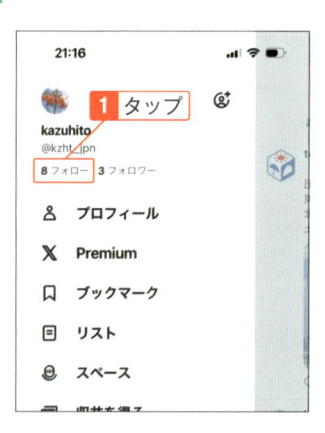

3 フォローしているユーザーが表示される。

> ⚠️ **Check**
>
> **フォロー中の並び順**
>
> 　フォローユーザーの並び順は、もっとも直近にフォローしたユーザーがいちばん上に表示され、以下フォローしたときが最近のユーザーから順に並びます。

ポストをブックマークする

複数のポストをブックマークできるが、分類などはできない

ポストを「ブックマーク」しておくと、いつでも簡単に表示することができます。いわば付箋のような機能です。ただし元のポストが削除された場合はブックマークからも消えますので、大事なポストはスクリーンショットなどで保存しておきましょう。

ブックマークに追加する

1 ポストを表示して「共有」をタップ。

2 「ブックマーク」をタップすると、ポストがブックマークに保存される。

ブックマークしたポストを呼び出す

1 アカウントアイコンをタップ。

2 「ブックマーク」をタップすると、ブックマークしたポストが表示される。

⚠ Check

ブックマークの場所は1つ

Xのブックマークは1つの場所にすべてを記録します。ブラウザーのようにブックマークをフォルダーに分けて整理するといったことはできません。また元のポストが削除された場合は表示されなくなります。

03

ポストを使いこなそう

ポストをブックマークから削除する

1 ブックマークしたポストを表示して「共有」をタップ。

2 「ブックマークを削除」をタップ。

ブックマークのポストをすべて削除する

1 ブックマークしたポストを表示して「…」(メニュー) をタップ。

2 「ブックマークをすべて削除」をタップ。

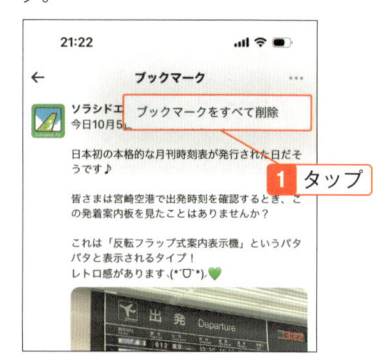

3 「はい」をタップすると、ブックマークに登録したポストがブックマークから削除される。

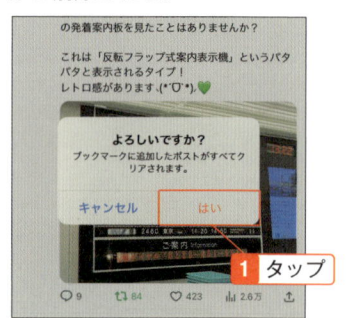

03-13

ポストを下書き保存する

書きかけたポストを一旦保存して、後で再開できる

作成途中のポストを一時的に保存できます。書きあがったけれど完成度が今一つのようなときにも、下書きとして保存しておけます。思いついたときにとりあえず下書きしておけば、あとから投稿したかったことを忘れたなんてこともありません。

書きかけのポストを保存する

1 ホーム画面で「＋」をタップ。

1 タップ

2 文章を入力し、「キャンセル」をタップ。

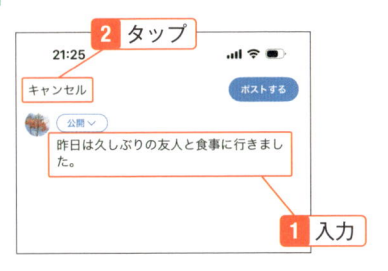

2 タップ

1 入力

3 「下書きを保存」をタップすると、書きかけが下書きに保存され、ホーム画面に戻る。

1 タップ

💡 **Hint**

複数の下書き保存ができる

下書き保存できる書きかけのポストは1つとは限らず、複数の下書き保存ができます。

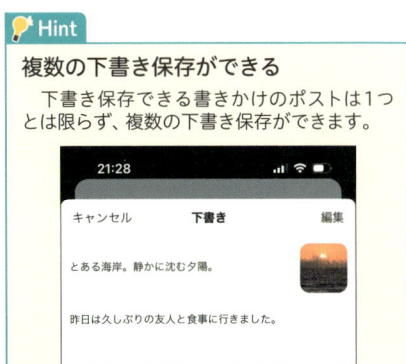

03-14

下書き保存から投稿する

下書きから続きを書くことも、そのまま削除もできる

下書き保存がある状態でポストを入力しようとすると、入力画面に「下書き」の表示が現れ、下書き保存があることがわかります。下書きは投稿すると自動的に消去されます。また不要な下書きは投稿しないで削除することもできます。

下書きを仕上げて投稿する

1 投稿画面（SECTION03-01の手順1）で「下書き」をタップ。

3 投稿画面に下書きが表示される。

2 使う下書きをタップ。

4 内容を完成させて「ポストする」をタップすると、作成した内容が投稿される。

> ⚠ Check
>
> **下書きは新しい方が上**
>
> 　下書きが複数ある場合、新しい下書きほど上に表示されます。

1 下書きを表示して、「編集」をタップ。

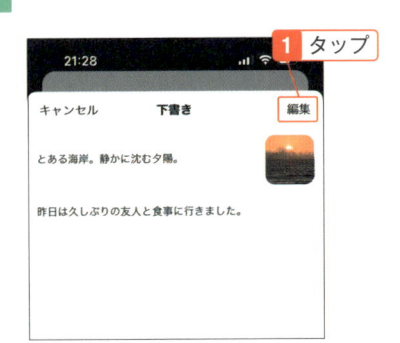

2 削除する下書きをタップして、「削除」をタップ。

3 下書きが削除される。「完了」をタップ。

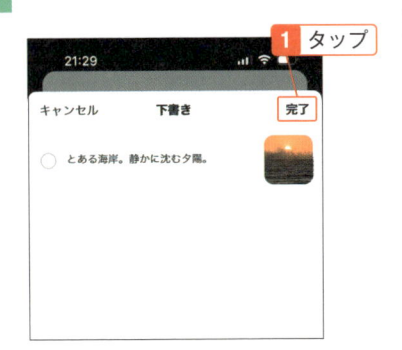

⚠ Check

下書きの入力画面から削除する

下書き保存を呼び出して入力する画面で、投稿せずに「キャンセル」をタップすると下書きを削除するか、再度保存するか選択できます。

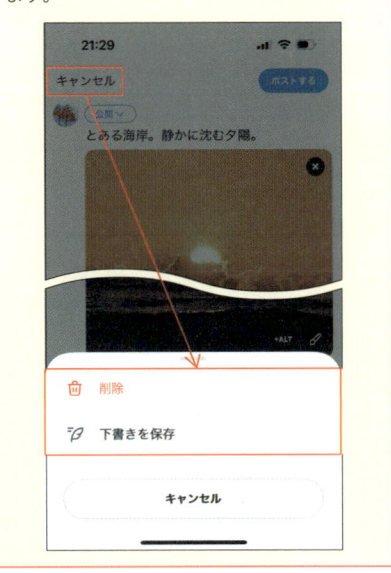

💡 Hint

メモ代わりの下書き

下書きは「とりあえず記録しておくメモ」にも便利です。写真を付けることもできますので、スマホで撮影した写真のコメントをとりあえず保存しておくといった使い方もできます。

03

ポストを使いこなそう

03-15

自分宛ての返信を見る

返信にさらに返信して、コミュニケーションすることもできる

ポストに返信が付くとうれしいものです。返信は「リプライ」「@ポスト」（アットマークポスト）とも言い、返信だけをまとめて見ることができます。返信に返信すれば、会話が広がるかもしれません。

返信だけを表示する

1 「通知」をタップ。

2 「@ポスト」（または「@ツイート」）をタップ。

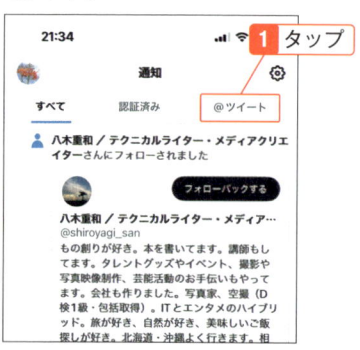

3 返信だけが表示される。

> ⚠ **Check**
>
> **返信を非表示にする**
>
> 　自分宛ての返信をほかのユーザーに見られたくないとき、非表示にすることができます。返信の右上のメニューをタップして、「返信を非表示にする」をタップします。
>
>

03-16

長文を投稿する

1つのポストは140文字までなので、複数回に分けて投稿する

Xへのポストは1つにつき140文字までが上限です。そこで長文のポストは複数に分け、はじめのポストに続けて、新しいポストを元のポストと結び付けて投稿します。ただし「X Premium」（有料サービス）に登録すると文字数の上限が1万文字まで拡大されます。

複数のポストをつなげて投稿する

1 ホーム画面で「＋」をタップ。

2 文章を入力する。投稿できる文字数の残りが少なくなったら「ポストを追加」をタップ。

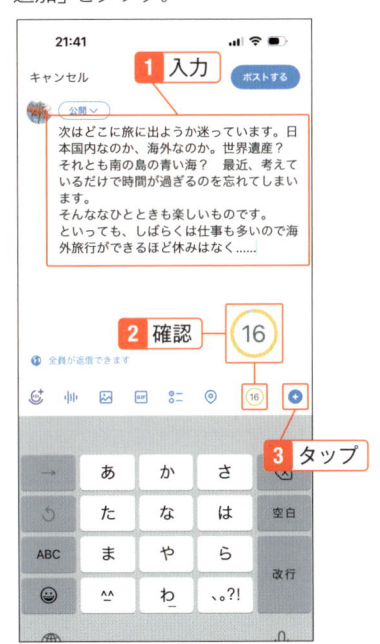

⚠️ **Check**

長すぎるのも読みにくい

短文でシンプルに投稿できることがXの特徴です。長文が投稿できると言っても、あまりにだらだらと長い文章はユーザーが読んでくれないこともあり得ますので、内容をうまくまとめて読みやすく工夫しましょう。

💡 **Hint**

あとどれぐらい入力できる？

1つのポストで入力できる文字数は140文字と決められています。入力している文字数は円グラフで表示され、入力できる残りの文字数が20文字以下になると数値が表示されます。

3 続きを入力して「すべてポスト」をタップ。

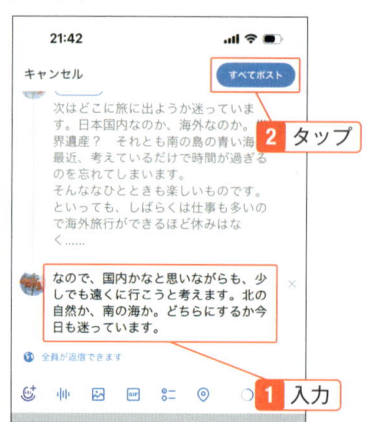

2 タップ

1 入力

4 複数に分けられて投稿される。

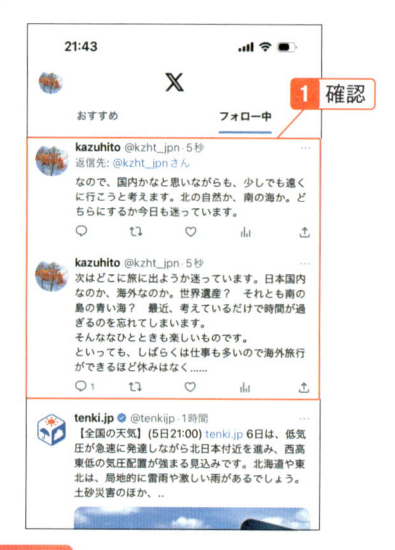

1 確認

⚠ Check

ポストの区切れ目を考える

　長文を投稿して、入力できる文字数の残りが少なくなってきたら、文章や言葉の区切りを考えて「ポストを追加」をタップします。分割されたポストが読みやすくなるように考えて区切れ目を決めましょう。140文字いっぱいまで詰め込んでも、文章の区切れ目が悪ければ読みにくいものになってしまいます。

💡 Hint

画像で長文を投稿する

　長文を複数に分けて投稿する方法の他に、長文を画像にして投稿する方法もあります。画像編集アプリなどで長文を書き、その画像を投稿することで1つのポストにすべての文章を表示できるようになります。ただし画像なので、文字を検索しても検索結果に表示されません。

> 次はどこに旅に出ようか迷っています。
> 日本国内なのか、久しぶりの海外なのか。
> 自然なのか、街なのか、世界遺産？　南の島の海？　最近、考えているだけでも時間があっという間に過ぎています。
> そんな時間も楽しいですよね。
> と言っても、しばらくは海外に行くほど休みがないんです😂。
> なので、国内かなぁと思って、でも少し遠くに行きたいから、北へ行くか、南に行くか。そこから決めようというのが今です😅

▲ メモアプリに書いてスクリーンショットで保存して画像にする

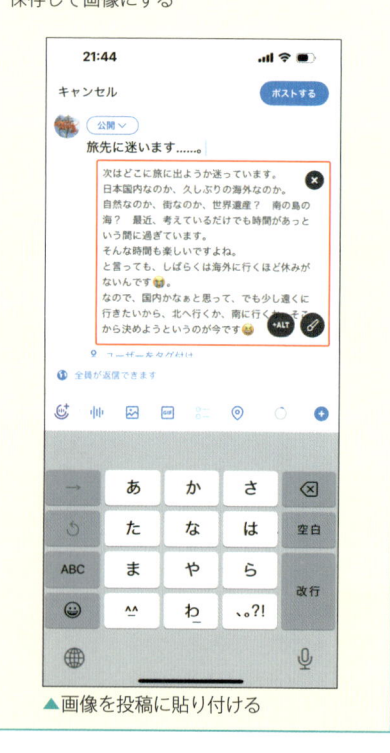

▲ 画像を投稿に貼り付ける

03-17

投稿された日時を確認する

ポストに、日時が表示されている

ホーム画面に表示されるポストには「1時間前」「2日」と、投稿されてからだいたいの時間が表示されます。もしもっと詳しく日時を知りたいのであれば、ポストを開いて表示します。

詳しい日時を確認する

1 ホーム画面にはポストからのだいたいの経過時間が表示されている。投稿された日時を確認したいポストをタップ。

2 ポストの下部に、投稿された日時が表示されている。

⚠ Check

タイムラインにはさかのぼった時間を表示

ホーム画面のタイムラインには、ポストから1日以内であれば「今から〇時間前」が表示され、だいたいの時間がわかります。

⚠ Check

タイムラインには1日以上前なら日付が表示される

ホーム画面のタイムラインで、1日以上前のポストには投稿された年月日が表示されます。時間を表示したい場合はポストをタップして確認します。

03-18

フォローしているユーザーの
リポストを表示しない

ホーム画面の情報は必要十分な状態にしておこう

フォローしているユーザーがリポストすると、自分のホーム画面に表示されます。リポストはいわば第三者の情報なので、必要ないと思ったら非表示にできます。ホーム画面の情報を整理するのは効率よく情報を手に入れるコツです。

特定のフォローユーザーのリポストをオフにする

1 リポストをオフにするユーザーのページを表示して、「…」（メニュー）をタップ。

2 「リポストをオフにする」をタップ。

3 リポストがオフになる。

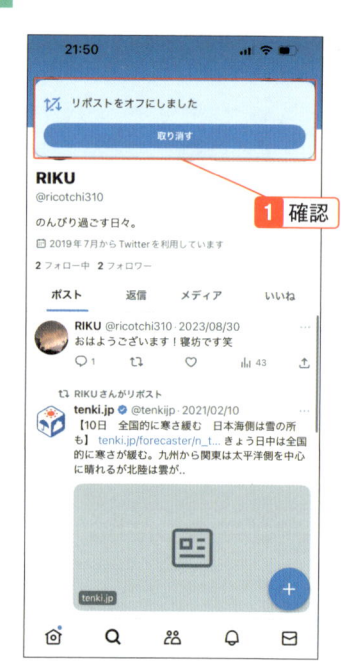

⚠️ Check

リポストばかりのユーザーに注意

　Xには、興味を引く動画を投稿するアカウントと見せかけて、さまざまな広告をリポストするアカウントが存在します。このようなアカウントはリポストを非表示にするよりもフォローを解除した方が賢明です。

03-19

特定のポストを
直接ブラウザーなどで表示する

URLをブラウザーやメールなどに貼り付けられる

ポストには1つずつすべて独自のURLが割り当てられています。ポストのURLをコピーして使うと、ブラウザーで直接ポストにジャンプしたり、Webサイトにポストへのリンクを貼り付けることができるようになります。

ポストのURLを表示する／コピーする

1 URLをコピーするポストの「共有」をタップ。

ポストを開いた画面で共有する
　ポストをタップして開いた画面の「共有」をタップしても同じメニューを表示できます。

2 「リンクをコピー」をタップ。

3 URLがコピーされる。

4 ブラウザーのアドレスバーなど、URLを使用する場所に貼り付けて利用できる。

画面の色合いを変える

ダークモードのオン／オフを切り替える

Xのアプリは白い画面と黒い画面を切り替えて使えます。白い画面は全体が明るく表示され読みやすい一方で、黒い画面は暗い場所で見やすいといったメリットがあります。実際のところは好みでどちらかを使えばよいでしょう。

ダークモードをオンにする

1 アカウントアイコンをタップ。

2 画面モード切替のアイコンをタップ。

3 「ダークモード」をオンにする。

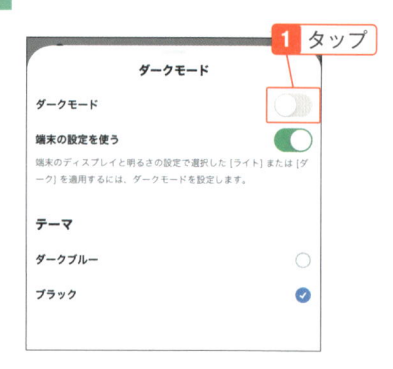

4 全体が黒い画面になる。

ビジネスにも役立つ機能を
使いこなそう

自分のポストや、世界中のユーザーのポスト。無数に存在する
ポストにもうひと工夫する機能を使って、もっとXを楽しみま
しょう。さらにSNSはXだけではありません。ほかのSNSも
使っているなら、Xと連携することで、さらに幅の広い情報発
信ができるようになります。

04-01

見てほしいポストを最上位に表示する

ポストを固定することで、自分のアピールにもなる

自分のポストのうち1つを自分のページの最初に表示することができます。「ポストの固定」と呼び、目立つ位置に置くことで、多くの人に見てもらうことができるようになります。「自己紹介の追加」のようにも使えます。

ポストを固定する

1 固定したいポストを表示して「…」（メニュー）をタップし、「プロフィールに固定する」をタップ。

2 「固定する」をタップ。

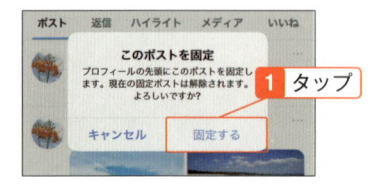

3 最上位に表示される。「固定」と表示されていることで、このポストの表示が固定されていることがわかる。

⚠️ Check

固定表示を解除する

固定表示にしたポストを解除するときには、同じ手順で「プロフィールから固定を解除する」をタップします。

04-02

ポストに位置情報を付ける

現在地以外の位置情報も付けられる。位置情報の扱いは慎重に

現在地の位置情報は「いつどこにいる」がわかってしまうので慎重に取り扱う必要がありますが、ポストと関連のある現在地以外の場所を付けることもできるので、過去の旅行などのポストに位置情報を付けるときは有効な方法です。

ポストに位置情報を表示させる

1 ホーム画面で「＋」をタップ。

2 ポストを入力して、「位置情報を追加」をタップ。

3 現在地や周辺の地域が表示される。「リストを検索」をタップ。

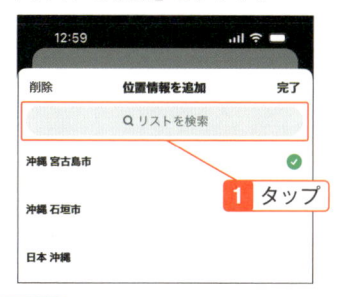

⚠ Check

位置情報の範囲は広めに

位置情報として付ける場所の名前は、都道府県までや市町村までなど、自由に範囲を選べます。個人が特定されてトラブルになるようなことを避けるためにも、ある程度広めの範囲にしておきましょう。

4 検索ボックスに地名を入力して、「○○を検索」をタップ。

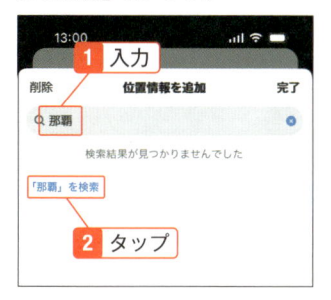

5 検索された地名をタップ。

6 位置情報がポストに付けられるので、「ポストする」をタップして送信する。

⚠️ **Check**

位置情報をオフにする

　一度位置情報を付けると、次に投稿するときに自動的に現在地が挿入されるようになります。位置情報を削除するには、地名をタップして「削除」をタップします。

7 位置情報を付けて投稿された。ポストをタップすると、ポストに位置情報が表示される。

⚠️ **Check**

現在地情報は避ける

　位置情報を付けるとき、場所の一覧では今いる場所がいちばん上に表示されますが、現在地の情報を付けることには十分慎重に考える必要があります。旅先で現在地がわかる位置情報や写真を付けてリアルタイムに投稿し、留守であることがわかってしまい空き巣に入られる、といった被害も多く発生しています。また自宅が特定されたり、さまざまな被害につながることも想定されるので、今いる場所を投稿することは特別な理由がない限り避けましょう。

04-03

アンケートを作る

選択式のアンケートを投稿できる

フォロワーをはじめ、自分のポストを見た人に問いかけるアンケートを作れます。いくつかの選択肢を作って意見を聞くことができます。なおアンケートの回答は匿名で、割合や投票数だけが公開されます。

アンケートをポストする

1 ホーム画面で「＋」をタップ。

2 ポスト画面で質問の文章を入力して「アンケート」をタップ。

3 回答を入力する。回答を増やす場合は「＋」をタップ。

4 投票期間をタップ。

5 投票期間を設定して「ポストする」をタップ。

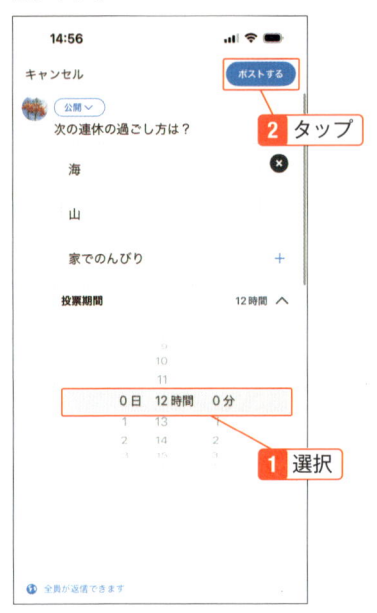

2 タップ

1 選択

6 アンケートが投稿される。

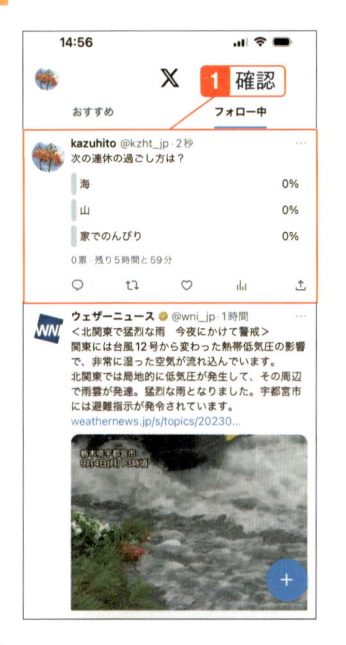

1 確認

7 投票が進むと、票数と割合が表示される。

💡 Hint

アンケートに投票する

アンケートは、作成したユーザー以外には選択肢として表示され、タップすると回答できます。回答すると、現在の回答の割合を見ることができます。

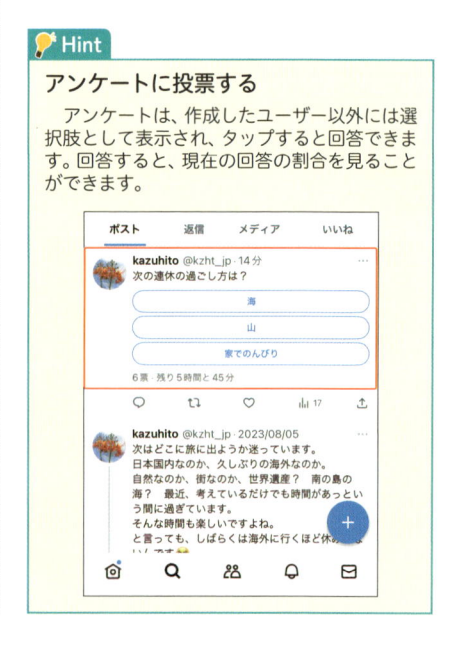

04-04

ポストのアクセス状況を確認する

どんなポストが注目されやすいかを知る目安にできる

自分のポストがどれくらい見られているのかは気になるところです。「いいね！」や「リポスト」だけでは分からないポストの表示回数も記録されています。ただし、検索結果に表示された回数なども含むので、必ずしも「読まれた回数」とは限りません。

ポストの表示回数を確認する

1 表示回数を確認したいポストの「ポストアクティビティ」をタップ。

⚠️ **Check**

他のユーザーは回数のみ

他のユーザーのポストでは回数のみ確認できます。

2 「インプレッション」と「エンゲージメント」など、そのポストのアクセス状況が表示される。

📝 **Note**

「インプレッション」と「エンゲージメント」

「インプレッション」は、そのポストが表示された回数、「エンゲージメント」は、そのポストを見たユーザーがプロフィールを参照したり「いいね！」をしたりといった何らかの次の行動を行った回数です。

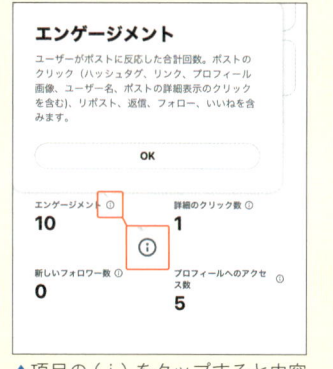

▲項目の（ i ）をタップすると内容の説明が表示される。

💡 **Hint**

あくまで「表示回数」で自分も含む

インプレッションに表示される数値は、あくまで表示された回数なので、そのときにユーザーが読んでいるとは限りません。フォロワーのホーム画面や検索結果に表示されたものの、読み飛ばされてしまった場合も含みます。またインプレッションやエンゲージメントに表示される数値には、自分が自分のポストを表示した回数も含まれます。

04-05

アカウントを増やして切り替える

複数のアカウントを使い分けたいときに

Xのアカウントは複数持つことが可能です。複数持てば、趣味に特化したアカウントや仕事仲間でやりとりするアカウントなど、用途によって使い分けられます。またアプリでは複数のアカウントを切り替えながら使うこともできます。

アカウントを追加する

1 アカウントアイコンをタップ。

2 「アカウントの追加」または「アカウントの切り替え」をタップ。

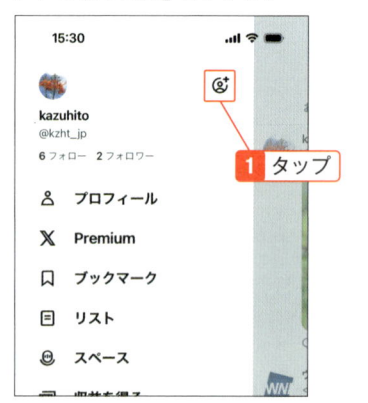

3 「新しいアカウントを作成」をタップし、Chapter01で行ったのと同じ手順でアカウントを作成する。

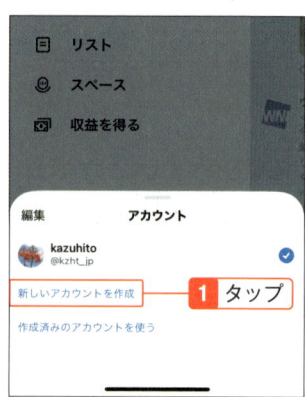

⚠ **Check**

すでにアカウントを持っている

すでにアカウントを持っている場合、手順3で「作成済みアカウントを使う」をタップして、追加するアカウントでログインします。

⚠ **Check**

メールアドレスで登録する

アカウントを作成するときに、電話番号で登録することもできますが、1つの電話番号で2つ以上のアカウントを登録した場合、電話番号でのログインができなくなり、ユーザー名やメールアドレスでログインすることになります。1つめのアカウントでは電話番号のログインを使いたい場合、2つめ以降のアカウントはメールアドレスで登録します。

アカウントを切り替える

1 アカウントアイコンをタップ。

2 切り替えるアカウントをタップすると、アカウントが切り替えられる。

アカウントをアプリから削除する

1 前ページ手順2の画面で「アカウントの切り替え」をタップ。

2 削除するアカウントを左にスワイプする。

3 「ログアウト」をタップすると、アカウントがアプリから削除される。

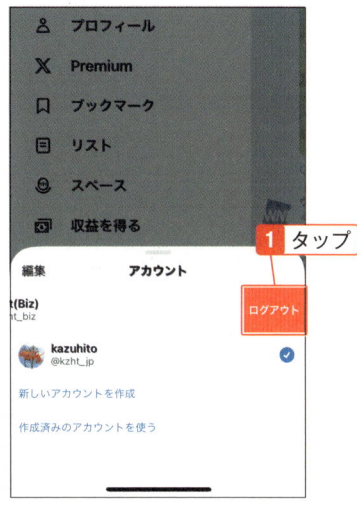

04

ビジネスにも役立つ機能を使いこなそう

💡 Hint

アカウントの並び順を変える

アカウントの編集画面で、右側にある「≡」をドラッグすると並び順を変えられます。

⚠ Check

アカウントは削除されない

アプリから削除されても、アカウントそのものが削除（退会）されることはないので、再度ログインしたり、別の端末でログインすれば使うことができます。

04-06

ポストを非公開にする

許可したユーザーにだけ、ポストを見せたいときに

ポストを非公開にすると、許可したユーザー以外はポストを見ることができなくなります。仲間内だけでやりとりしたいときなどに利用できます。Xは基本的にオープンなSNSですが、「非公開アカウント」としても利用できます。

フォロワー以外には非公開にする

1 アカウントアイコンをタップ。

2 「設定とサポート」の「設定とプライバシー」をタップ。

3 「プライバシーと安全」をタップ。

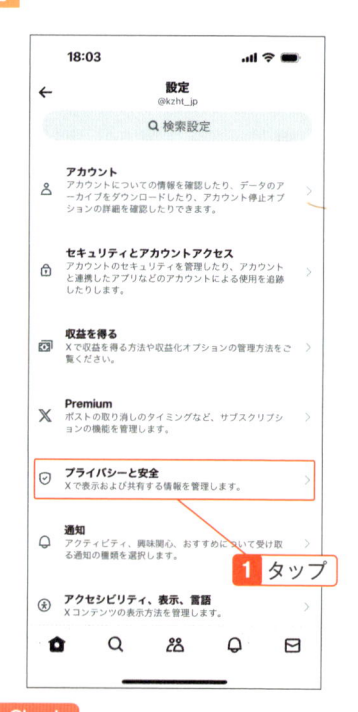

⚠️ **Check**

ユーザー情報は公開されることに注意

アカウントを非公開にしても、ユーザーの情報は公開されます。検索すればユーザーのプロフィール画面は表示できますので、「完全に姿が見えない」のではなく、あくまで「ポストが非公開」と考えてください。

4 「オーディエンスとタグ付け」をタップ。

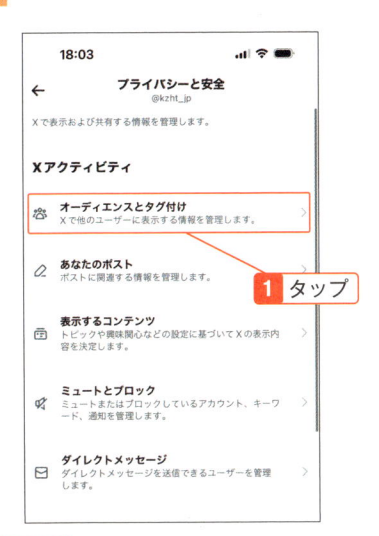

⚠ Check

現在のフォロワーには公開のまま

　ポストを非公開にしても、すでに相手が自分をフォローしていて、フォロワーとして登録されているユーザーには公開された状態になります。

5 「ポストを非公開にする」をオンにする。

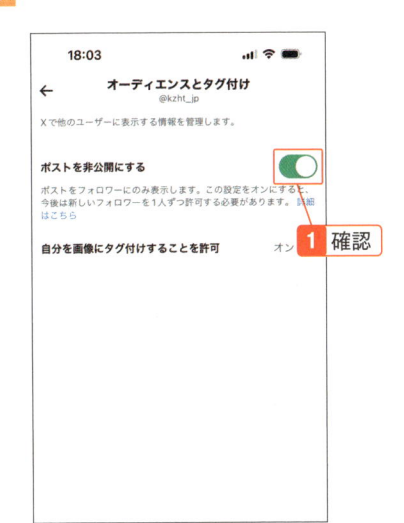

6 非公開になると、アカウント名の横に鍵のマークが表示される。

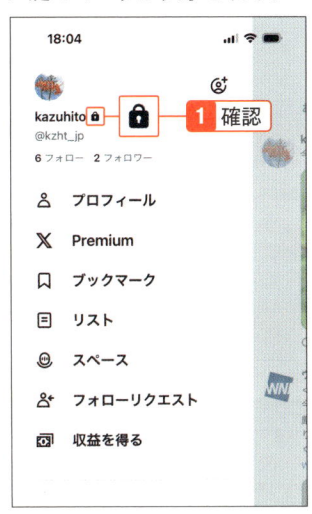

⚠ Check

「鍵アカ」のフォローはリクエストが必要

　ポストを非公開にすると、アカウント名の横に鍵のマークが付きます。そのため、非公開にしているアカウントを「鍵アカ」（鍵の付いたアカウント）と呼ぶことがあります。非公開にしているユーザーのページを開いたとき、プロフィールは表示されますが、ポストが表示されません。もしポストを見たい場合は、「フォローする」をタップすると、フォローリクエストが相手に届き、承認されると見られるようになります。

04-07

不快なコメントを非表示にする

非表示にすれば他のユーザーも見えない

ポストの返信は基本的に誰でも投稿できるため、稀に不快、不適切なコメントが書かれることもあります。そのようなコメントは非表示にして、自分からも他のユーザーからも見られないようにします。

返信を非表示にする

1 非表示にするコメントの「…」（メニュー）をタップし、「返信を非表示にする」をタップ。

2 「返信を非表示にする」をタップ。

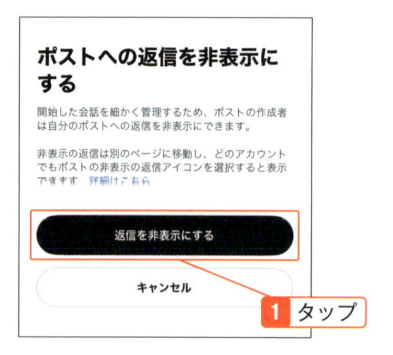

3 返信の投稿者をブロックする場合は「ブロックする」をタップ。

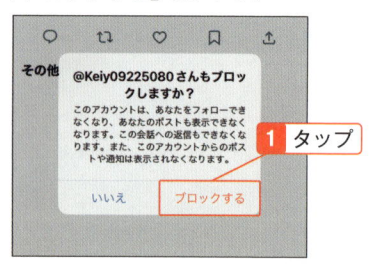

⚠Check

危険性を含む返信は非表示

　詐欺や暴力など、危険性を含む可能性がある返信や関連性が薄いと判断される返信では、Xの判断で自動的に非表示になります。この場合、「返信をさらに表示」をタップすれば表示できますが、特別な理由がない限りこのまま非表示にしておきましょう。

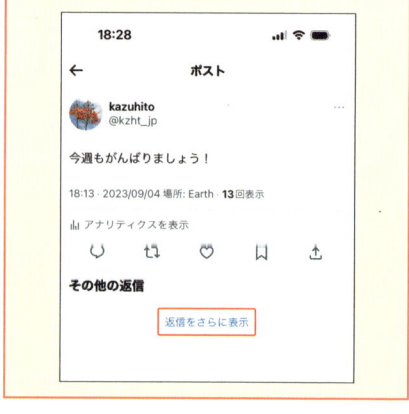

04-08

ポストをほかのSNSに転載する

Xと相性のよいSNSもある

ポストをほかのSNSに転載するときは、基本的にポストのURLをSNSに貼り付けます。Facebookのように URLを貼り付けるとポストの内容の一部が表示されるといった相性のよいSNSもあります。

ポストのURLを他SNSの投稿画面に貼り付ける

1 転載したいポストを表示して「共有」をタップ。

2 「共有する」をタップ。

3 転載するSNSアプリをタップ。ここではFacebookをタップ。

💡 Hint

ホーム画面から共有する

ホーム画面に表示されているポストの「共有」をタップしても同じメニューを表示できます。

4 Facebookの投稿画面にポストが貼り付けられるので、コメントを入力して「次へ」をタップ。

💡 **Hint**

基本はURLを貼り付ける

　Facebookはポストの転載に相性がよく、転載するとポストの一部が表示されます。ほかのSNSでこのように、自動的にポストの一部が表示されないような場合は、ポストのURLを貼り付けて転載します。

5 投稿先を選択して「シェア」をタップ。

6 ポストが転載される。

💡 **Hint**

スクリーンショットを貼る

　URLを貼り付ける方法では、一般的にポストの内容はリンクにジャンプするまでわかりません。そこでポストの内容を表示させたいときには、スクリーンショットを貼り付けるという方法も考えられます。

04-09

ポストに入力したURLを短縮する

長いURLは「140文字」の例外

URLはWebサイトのトップページでもない限り、長く英数字が並んでいます。Xは投稿の文字数が限られていますが、URLは「140文字」の例外で、短縮表示したあとの文字数としてカウントされます。

URLは自動短縮される

1 URL含む投稿を投稿する。

2 URLは自動で短縮される。

⚠ **Check**

残り文字数は短縮後の分だけ減る

URLを入力したときに、投稿できる残りの文字数は、短縮した後のURLの文字数だけ減ります。

04

ビジネスにも役立つ機能を使いこなそう

109

直接やりとりできるメッセージを送る

ダイレクトメッセージは、送った相手だけが見られる

他のXユーザーに直接メッセージを送る機能は「ダイレクトメッセージ」と呼びます。
メールと同じような機能で、他の人には見られません。メールアドレスやLINEなどの
メッセージサービスで連絡を取れない相手とのやり取りに利用できます。

ダイレクトメッセージを送る

1 メッセージを送る相手のプロフィールを表示して「ダイレクトメッセージ」をタップ。

⚠ Check

ダイレクトメッセージを送信できる相手

　ダイレクトメッセージは、次の条件のいずれかに当てはまる相手に送信することができます。

・**お互いにフォローしている**
・**相手がダイレクトメッセージをすべての
　ユーザーに許可している**

　この条件に当てはまらないユーザーにはダイレクトメッセージを送ることができず、プロフィール画面に「ダイレクトメッセージ」のアイコンが表示されません。

💡 Hint

音声メッセージを送る

　はじめてダイレクトメッセージを送るときに、音声メッセージの紹介が表示されることがありますので、「OK」をタップして進みます。
　音声メッセージは、送信画面の「録音」をタップして録音を開始し、保存した音声を送ることができます。

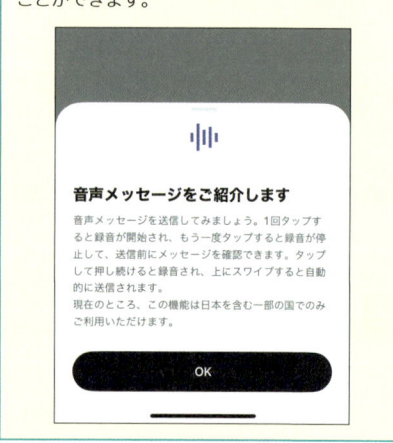

💡 Hint

音声や映像で会話する

　ダイレクトメッセージ機能では、音声通話やビデオ通話も利用できます。ただし2023年12月現在はIOSアプリを搭載したIPhoneの一部で対応していて、Androidスマホは対応していません。今後、順次すべてのユーザーに対応していくことが見込まれています。

2 メッセージを入力して、「送信」を
タップ。

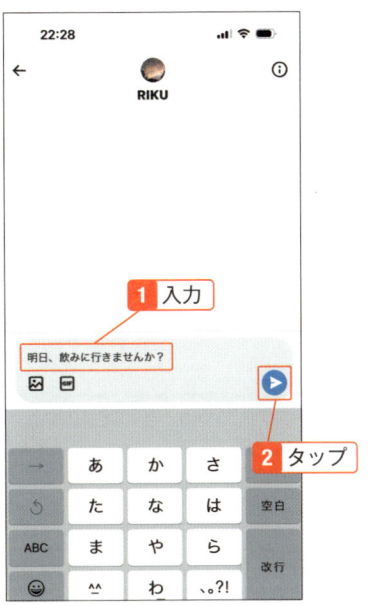

1 入力

明日、飲みに行きませんか？

2 タップ

3 メッセージが送信される。

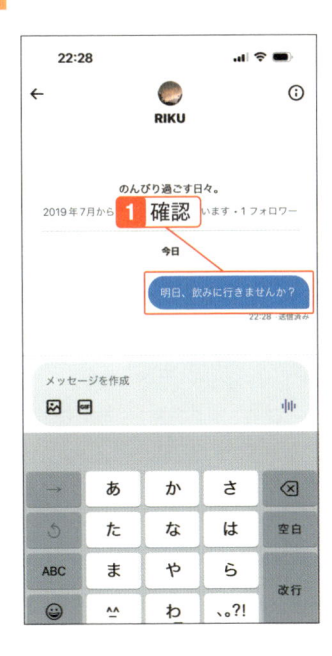

1 確認

💡 Hint

一度メッセージをやりとりしたら

ダイレクトメッセージを一度でもやりとり
したことがある相手の場合、ホーム画面の「ダ
イレクトメッセージ」をタップしてメッセージ
の一覧画面に移動できます。

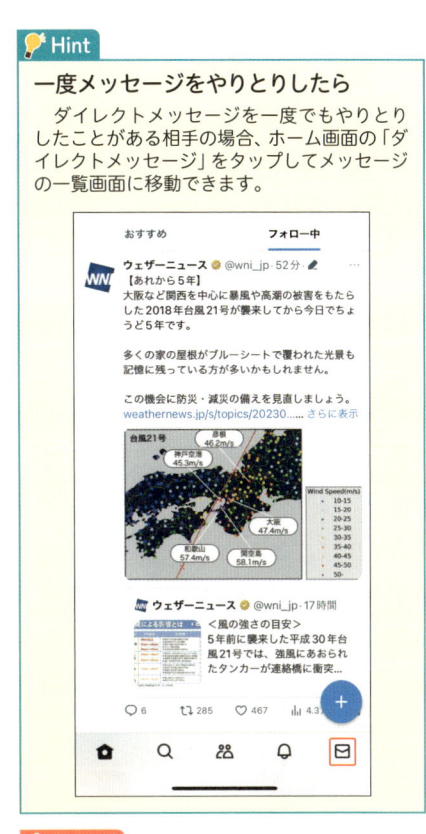

⚠ Check

既読を確認する

送信したメッセージを相手が開封すると、
メッセージに「既読」が表示されます。

111

04-11

届いたダイレクトメッセージを読む

メッセージアプリのような画面でやりとりする

自分宛てにダイレクトメッセージが届くと通知が表示されます。ダイレクトメッセージは、他のメッセージアプリのように会話形式で表示されます。メールアドレスやメッセージアプリで連絡先を知らない相手とでもメッセージのやり取りができます。

通知からダイレクトメッセージを表示する

1 ダイレクトメッセージを受信すると通知が届く。「ダイレクトメッセージ」をタップ。

2 表示するダイレクトメッセージをタップ。

⚠️ Check

ダイレクトメッセージに返信する

　ダイレクトメッセージに返信するときは、ダイレクトメッセージの画面でメッセージを入力して送信します。

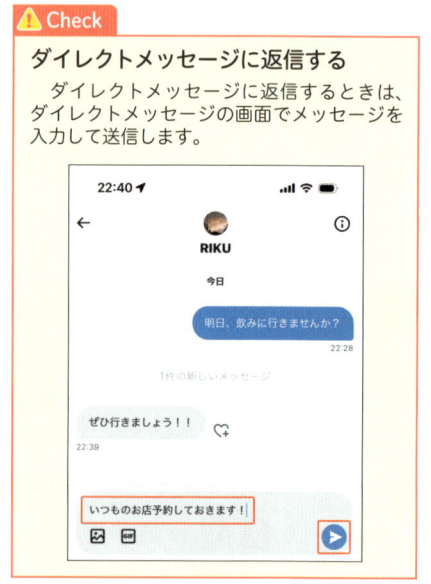

💡 Hint

絵文字でリアクションする

　メッセージの右にあるアイコンをタップすると、簡単にリアクションを送れます。

04-12

ポストをダイレクトメッセージで共有する

情報を特定の友だちにだけ教えたいときなどに

見つけたポストにある情報を友だちに教えたいとき、LINEなど別のメッセージアプリにURLを貼り付けて……といった面倒なことをしなくても、ダイレクトメッセージで簡単に送信できます。

ポストを他のユーザーと共有する

04

ビジネスにも役立つ機能を使いこなそう

1 共有するポストの「共有」をタップ。

2 「ダイレクトメッセージで共有」をタップ。

⚠ Check

友だちやフォロワーの候補から選ぶ

　共有する相手に、よくやりとりをする候補が表示されます。ここから選んでもポストの共有ができます。

💡 Hint

履歴から選択する

　最近ダイレクトメッセージを送った相手は、共有画面にアカウントが表示されます。

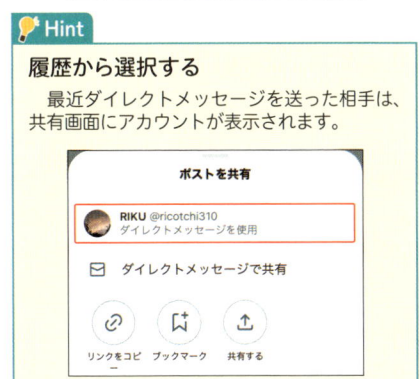

3 ダイレクトメッセージを送る相手の
アカウントをタップ。

4 メッセージを入力して「送信」を
タップ。

5 ダイレクトメッセージを開くと、画
面で送信を確認できる。

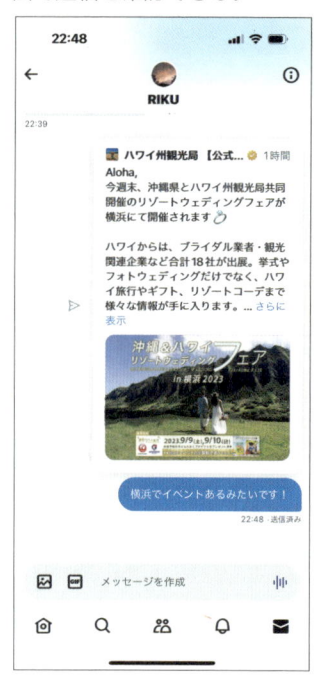

04-13

ビジネスやクリエイター向けの プロアカウントを利用する

「プロアカウント」として利用する

Xに登録しているアカウントで、ビジネスやクリエイターとして活動する場合、アカウントの種類を「プロアカウント」に変更すれば、業種をアピールしたり店舗の所在地を表示したりするなど、より便利な機能が増えます。

プロアカウントに切り替える

04

1 プロフィールのアイコンをタップ。

⚠️ Check

プロアカウントは必ず公開

　プロアカウントは必ず公開している必要があります。非公開アカウントはプロアカウントとして利用できません。

2 「プロフィール」をタップ。

3 自分のプロフィール画面で「編集」をタップ。

4 「Proに切り替え」をタップ。

ビジネスにも役立つ機能を使いこなそう

プロアカウントの利用は無料

　プロアカウントの利用は無料です。誰でも利用できますが、主にビジネスやクリエイター向けの機能ですので、特に必要のない人は通常のアカウントのままでも問題ありません。

5 「X Pro」の概要が表示されるので、「同意して続ける」をタップ。

6 プロフィールに、ビジネスやクリエイターとしての紹介を入力し、「次へ」をタップ。

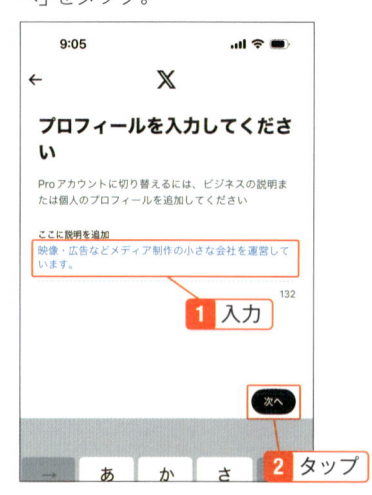

7 自分のビジネスやクリエイターとしてのカテゴリーを選択し、「次へ」をタップ。

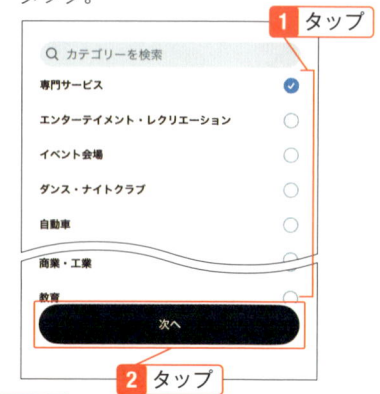

いちばん近いカテゴリーを選択する

　カテゴリーは数多くの種類が用意されています。その中からいちばん近いものを選択します。選択するとチェックマークが付き、最上位に表示されます。

8 プロアカウントの種類を選択し、「次へ」をタップ。

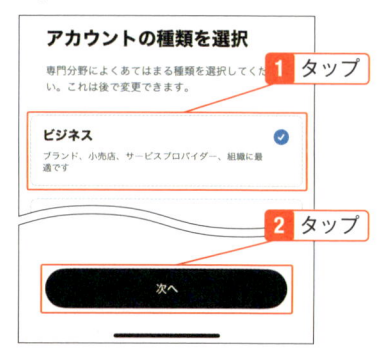

ビジネスかクリエイターか

　たとえば法人や個人事業主で商品の販売などを行っている場合は「ビジネス」を選択します。「クリエイター」は主に映像をはじめとしたメディアの制作を行っている個人もしくは法人に所属する個人で、商売の有無は関係なく「何かを創っている人」に向いたアカウントです。

9 アカウントの種類の変更が完了するので、「プロフィールをカスタマイズする」をタップ。

1 タップ

10 名前、自己紹介、生年月日を確認して「保存」をタップ。

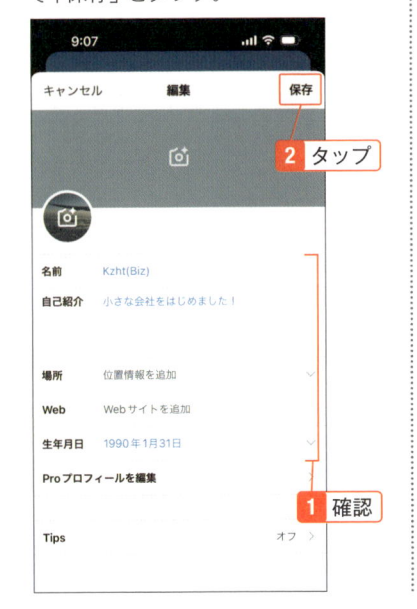

2 タップ

1 確認

11 プロフィール画面にカテゴリが表示される。

1 確認

⚠ Check

アカウントの種類を切り替える

　アカウントの種類は、通常の「個人用アカウント」、プロアカウントの「ビジネスアカウント」「クリエイターアカウント」の3種類があります。これらは変更したあとでも、再度別のアカウントに切り替えることができます。「Proプロフィール」画面で「アカウントの種類を切り替え」をタップすると、切り替えられるアカウントが表示されます。

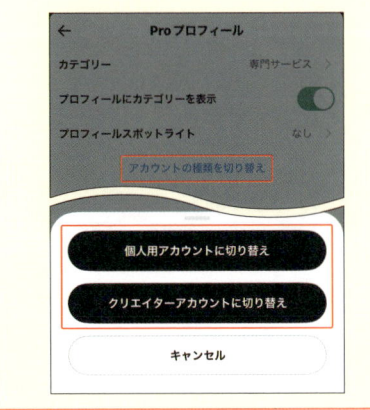

04-14

Proプロフィールを編集して店舗や事務所の位置情報を公開する

店舗の位置やWebサイトのURLを表示して集客を増やす

プロアカウントに登録すると、店舗や事務所の位置などビジネスに関する情報をプロフィール画面に表示することができます。店舗の場所がわかれば集客にもつながりますし、Webサイトの情報は仕事の依頼を広げるきっかけにもなります。

ビジネスの情報を表示する

1 プロフィールのアイコンをタップ。

2 「プロフィール」をタップ。

3 「編集」をタップ。

4
「Proプロフィールを編集」をタップ。

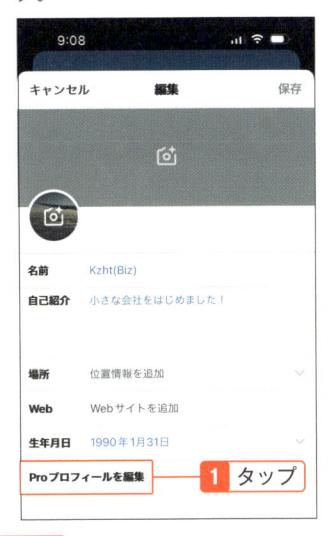

1 タップ

⚠ Check

Proプロフィールを編集する

プロアカウントではカテゴリーと所在地を登録し、公開できます。これらはあとから「Proプロフィール」で変更できます。

5
「プロフィールスポットライト」をタップ。

1 タップ

6
「所在地」の（→）をタップ。

1 タップ

⚠ Check

Proプロフィールの項目

Proプロフィールは2023年10月現在、カテゴリーと所在地だけですが、今後増える可能性があります。

7
住所を入力し、「完了」をタップ。

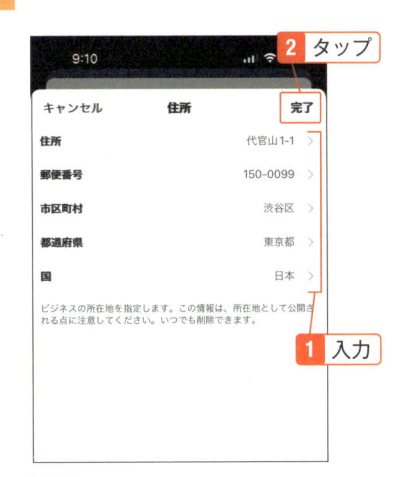

2 タップ

1 入力

⚠ Check

住所の入力

いちばん上にある「住所」の項目は、町名と番地を入力します。

04

ビジネスにも役立つ機能を使いこなそう

8 Webサイトや営業時間などほかの項目を必要に応じて入力して、「保存」をタップ。

10 プロフィールスポットライトが登録される。

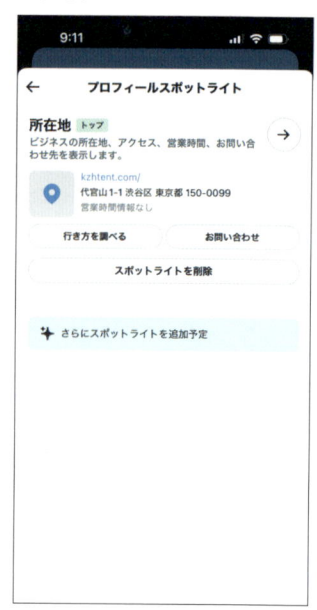

9 「スポットライトを追加」をタップ。

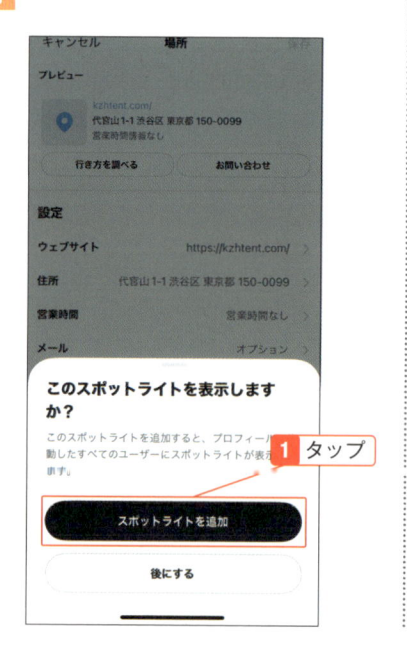

11 プロフィール画面に店舗や事務所の情報が表示される。

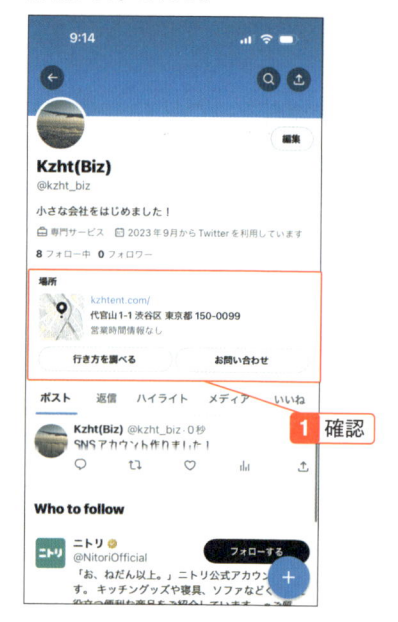

「X Premium」で
できることを広げよう

Xでは、月額課金のサブスク型で機能を強化できる有料サービス「X Premium」があります。X Premiumでは、投稿の文字数が大幅に拡大されたり、一定時間内であれば投稿の修正ができたりするなど、従来から欲しかった機能を追加できるようになります。また、指定した日時になると自動的に投稿されるように予約投稿を設定するなど、特に企業アカウントを使ってさまざまな情報を公開するような、ビジネスで便利な機能が使えるようになります。X Premiumの利用料金は月額980円～です（2023年10月現在）。少ない負担で非常に便利な機能を追加することができます。使える機能は今後も増える予定です。

05-01

X Premium に登録する

月額課金の有料サービス

「X Premium」は月額課金の有料サービスです。1か月1000円程度で便利なサービスが利用できます。長文や文字飾り付きの文章をポストしたり、日時を指定して予約投稿をしたりでき、一定の条件を満たせば収益化も可能です。

X Premiumの登録はブラウザーの利用が得

　X Premiumは月額課金（1か月単位または1年単位）の有料サービスですが、登録方法によって金額が異なり、アプリでの登録は少し金額が高くなります（2023年10月現在）。アプリで登録すると、AppleやGoogleのアプリストアを介して料金を支払うため、手数料が上乗せされます。一方で、ブラウザーで登録すれば、クレジットカードを利用して直接X社に支払うため、アプリで支払う分の手数料がかかりません。クレジットカード決済ができるのであれば、ブラウザーでの利用をおすすめします。

	支払い期間	金額
ブラウザー	1カ月	¥980/月
	1年	¥10,280/年
iPhoneの Xアプリ	1カ月	¥1,380/月
	1年	¥14,300/年

📖 **Note**

X Premiumの複数のプラン

　「X Premium」には複数のプランがあります。「X Premium」のサービスに加え、広告の非表示や返信の表示順位を上位にするといったサービスもある「X Premium Plus」も選べます。
　料金もそれぞれ異なります。用途によって自分に合ったプランを選んでください。

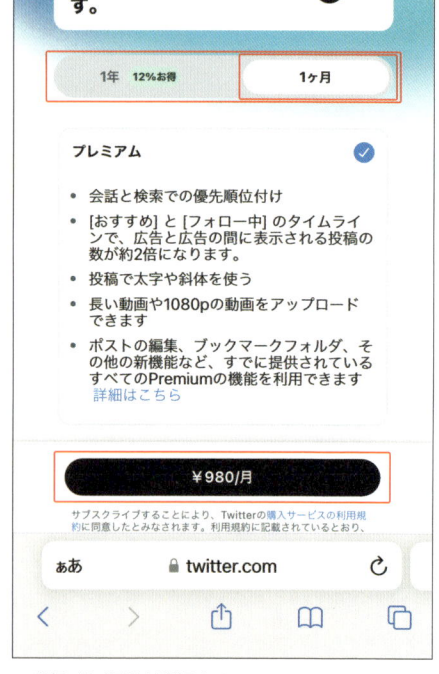

▲登録時に期間を選択する

X Premiumに必要な電話番号を登録する

1 ブラウザーアプリ（SafariやChromeなど）でXにログインして、アカウントのアイコンをタップ。

2 「認証済み」をタップ。

3 「個人ですか？組織ですか？」と表示された場合、「私は個人です」をタップして、「購入する」をタップ。

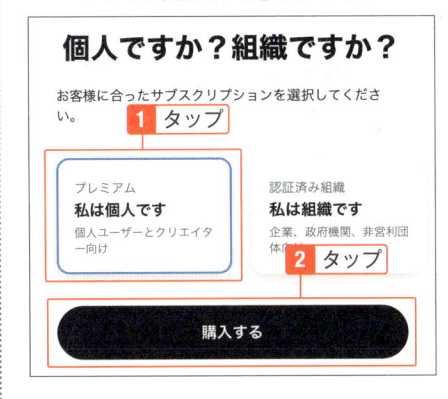

📋 **Note**

組織向け有料サービス

　Xには、比較的中〜大規模な企業など組織向けの有料サービスもあります。組織向けの場合、料金は月額135,000円〜（2023年10月現在）の利用で「認証済みアカウント」となり、アカウントには金色のバッジが表示されます。

4 支払い単位で「1年」または「1か月」を選んでタップし、表示された金額をタップ。

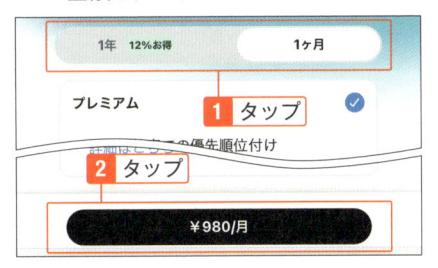

⚠ **Check**

「X Premium」や「プレミアム」と表示される

　「認証済み」の部分は「X Premium」または「プレミアム」と表示されることもあります。

⚠ **Check**

1年払いは12〜14%程度の割引

　X Premiumの料金は、1か月単位の課金システムですが、1年分をまとめて払うと少し割引になります。

05

「X Premium」でできることを広げよう

5 「電話番号を確認してください。」を
タップ。

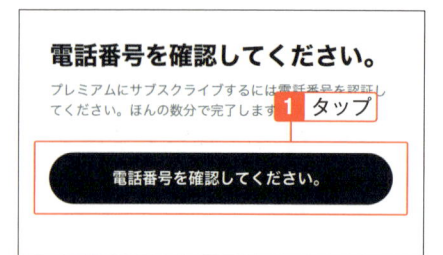

6 ログインパスワードを入力して、「次
へ」をタップ。

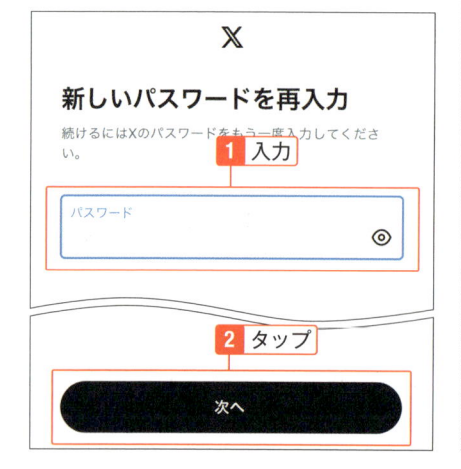

7 電話番号を入力して「次へ」をタッ
プ。

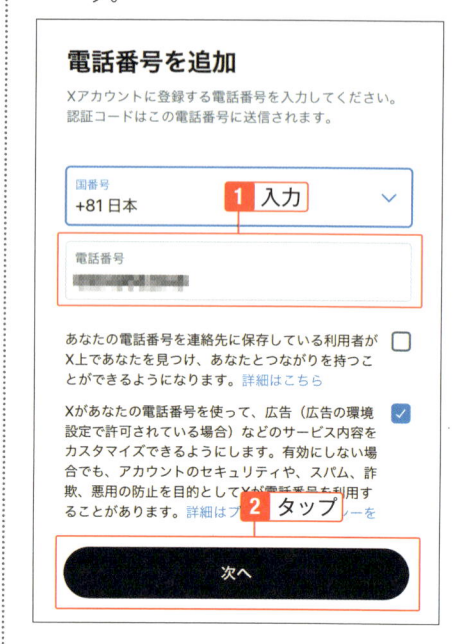

8 「OK」をタップ

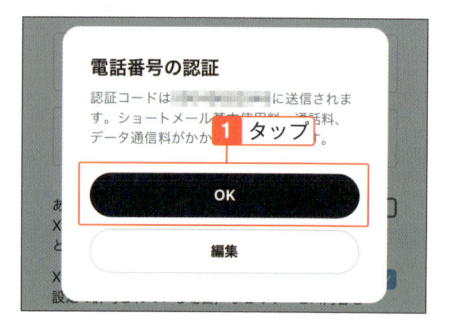

9 SMSで届いた認証コードを入力して「認証」をタップ。

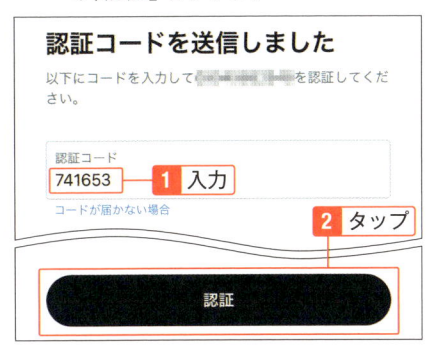

認証コードを送信しました

以下にコードを入力して██████を認証してください。

認証コード
741653　**1** 入力

コードが届かない場合
2 タップ

認証

⚠ Check

認証コードが届かない

　認証コードが届かない場合、「コードが届かない場合」から再送できますが、1日で再送できる数に限りがあります。何度も繰り返すと、SMSの送信ができなくなり、約48時間後に再度利用できるようになります。

05

[X Premium] でできることを広げよう

支払情報を登録する

1 料金の画面が表示されたら、支払い単位で「1年」または「1か月」を選んでタップ。その後表示された金額をタップ。

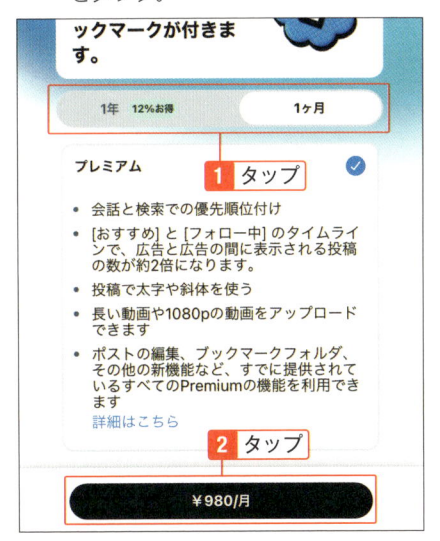

ックマークが付きます。

| 1年 12%お得 | 1ヶ月 |

プレミアム　**1** タップ　✓

- 会話と検索での優先順位付け
- [おすすめ] と [フォロー中] のタイムラインで、広告と広告の間に表示される投稿の数が約2倍になります。
- 投稿で太字や斜体を使う
- 長い動画や1080pの動画をアップロードできます
- ポストの編集、ブックマークフォルダ、その他の新機能など、すでに提供されているすべてのPremiumの機能を利用できます
- 詳細はこちら

2 タップ

¥980/月

⚠ Check

電話番号を登録した場合

　X Premiumの利用にあたり、電話番号を新たに登録した場合は、電話番号の登録後に再度、料金選択の画面が表示されます。ここで再度、1年単位か1か月単位を選択します。

2 メールアドレスとクレジットカード情報を入力。

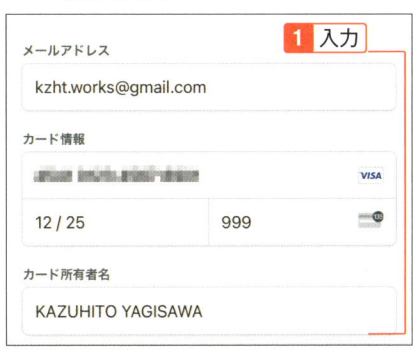

1 入力

メールアドレス
kzht.works@gmail.com

カード情報
████ ████ ████ ████　VISA
12 / 25　999

カード所有者名
KAZUHITO YAGISAWA

3 画面をスクロールして、「申し込む」をタップ。

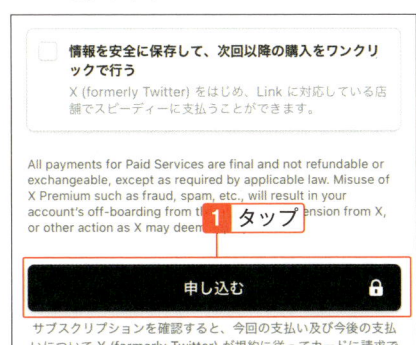

☐ 情報を安全に保存して、次回以降の購入をワンクリックで行う
X (formerly Twitter) をはじめ、Link に対応している店舗でスピーディーに支払うことができます。

All payments for Paid Services are final and not refundable or exchangeable, except as required by applicable law. Misuse of X Premium such as fraud, spam, etc., will result in your account's off-boarding from the ~~ension from X, or other action as X may deem~~

1 タップ

申し込む　🔒

サブスクリプションを確認すると、今回の支払い及び今後の支払いについて X (formerly Twitter) が規約に従ってカードに請求で

4 登録の申請が完了するので、「続ける」をタップ。

完了しました

アカウントの確認が終わるまでには時間がかかる場合があります。認証ステータスを確認するには、プレミアムの設定に移動してください **1 タップ**

続ける

5 X Premiumの特典を見る場合は「見てみる」をタップ。不要であれば画面を閉じる。

会員の特典を確認する場合

プレミアムはサイドバーから利用できます。いつでも会員の特典をチェックし、認証ステータスを確認できます。 **1 タップ**

見てみる

> ⚠️ **Check**
>
> **特典を確認する**
> 特典はX Premium登録後にアプリでも確認できます。

6 通知に審査中であることが表示される。

通知 ⚙️

すべて 認証済み **1 確認** ツイート

現在、ご利用のアカウントを確認中です。

X ご利用のアカウントに青いチェックマークを付与するかどうかがまもなく審査されます。

🔒 ご利用のアカウントに電話番号が追加されました。そのため、ご利用のアカウントに他の変更を加えることが一時的にできなくなる場合があります。

✦ ZIPAIR

ZIPAIRTokyo
／✈️🏯📓🍢😋
#シンガポール 線
冬スケジュール
チケット販売開始

> ⚠️ **Check**
>
> **青いチェックマークの付与までには3日間程度**
> X Premiumの各種特典は登録の申請が完了するとすぐに利用できるようになりますが、青いチェックマーク（認証マーク）の付与には審査があります。審査は通常、2〜3日程度かかりますが、申請が集中するとさらに日数がかかることもあります。

7 審査が完了すると、アカウントに青いチェックマークが付く。

kazuhito works ✔️
@kzht_works

6 フォロー　0 フォロワー **1 確認**

👤 プロフィール

🔖 ブックマーク

🗐 リスト

◎ スペース

🖼️ 収益を得る

05-02

140文字を超える文章をポストする

X Premiumの大きな利便性

Xのポストは通常140文字までですが、X Premiumに登録すると、制限が最大25,000文字になります。実質的には無制限に等しく、140文字では書ききれない情報や重要な通知なども文字数を気にせず投稿できるようになります。

長文を投稿する

1 ポスト画面で文章を入力する。文字数が140文字に近づくと、通常と同じように残りの文字数が表示されるが、周囲の円が黄色や赤色にならず青のままになる。

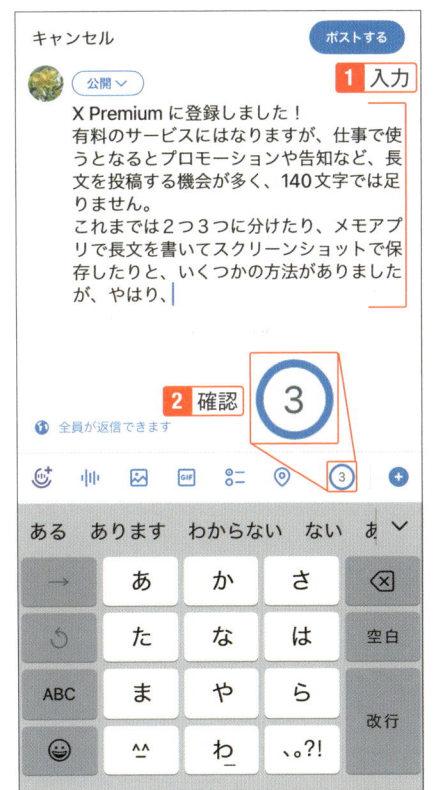

2 140文字を超えても、続けてそのまま入力できる。

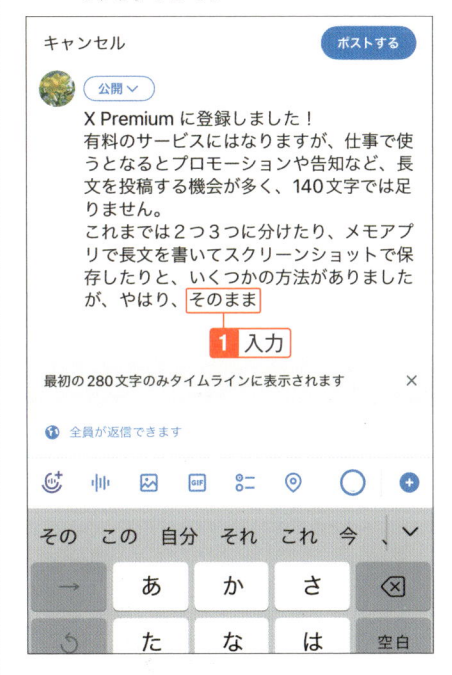

⚠ Check

最初の280文字が表示される

　長文は、タイムラインに半角の計算で最初の280文字だけが表示されます。280文字を超える部分は「さらに表示」と表示され、個別のポストの画面を表示するとすべての文章が表示されるようになります。

3 入力が完了したら、「ポストする」を
タップ

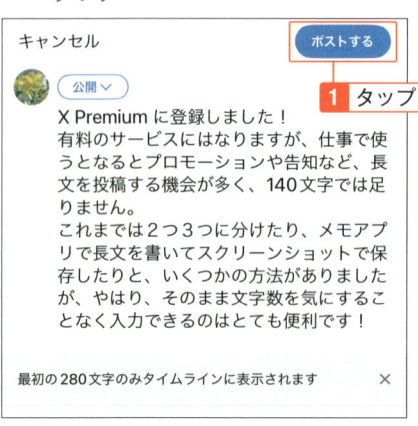

4 長文がポストされ、タイムラインに
表示される。すべて表示するには
「さらに表示」をタップ。

5 ポストの全体が表示される。

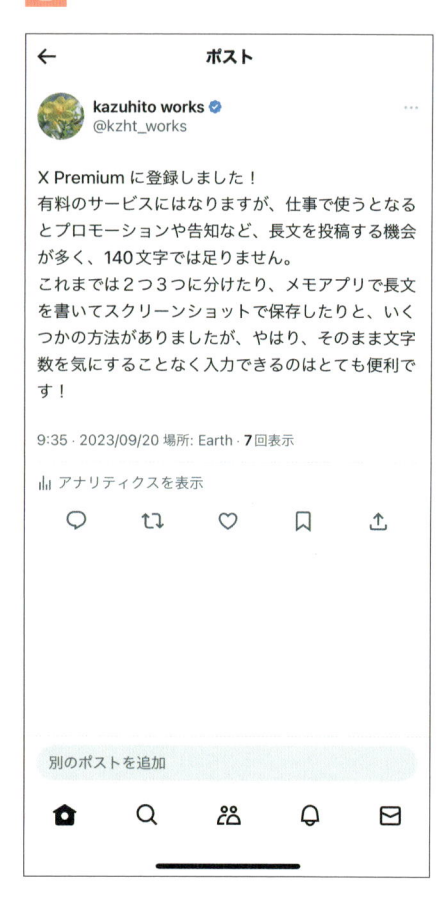

05-03

投稿したポストを修正する

修正は誤字など最低限にとどめよう

X Premiumでは、一度投稿したポストを60分以内であれば修正できます。ただし内容はフォロワーがすぐ見る可能性もあり、リポストが初期化されるといったこともあるため、修正は必要最小限にとどめましょう。

ポストを編集する

1 修正するポストを表示して「…」（メニュー）をタップ。

2 「ポストを編集」をタップ。

⚠ **Check**

「ポストを編集」が表示されない

ポストを編集できるのは、投稿してから60分以内です。その時間を過ぎると編集ができなくなり、「ポストを編集」も表示されません。

3 編集に対する注意画面が表示されたら、「OK」をタップ。

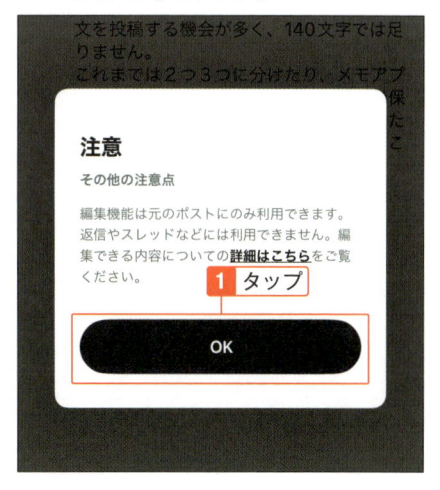

⚠ **Check**

編集できるのは元のポストのみ

編集できるのは、元のポストのみです。他のユーザーや自分のポストに投稿された返信は編集できません。ただし引用のポストについては編集できます。

4 ポストの入力画面が表示されるので、文章を修正して「更新」をタップ。

キャンセル　　　　　　　4:42　

 タップ

公開 ∨

X Premium に登録しました！

　有料のサービスにはなりますが、仕事で使うとなるとプロモーションや告知など、長文を投稿する機会が多く、140文字では足りません。

　これまでは2つ3つに分けたり、メモアプリで長文を書いてスクリーンショットで保存したりと、いくつかの方法がありましたが、やはり、そのまま文字数を気にする

最初の280文字のみタイムラインに表示されます　**1** 入力

5 ポストが編集される。

← ポスト

kazuhito works ✅
@kzht_works

X Premium に登録しました！

　有料のサービスにはなりますが、仕事で使うとなるとプロモーションや告知など、長文を投稿する機会が多く、140文字では足りません。

　これまでは2つ3つに分けたり、メモアプリで長文を書いてスクリーンショットで保存したりと、いくつかの方法がありましたが、やはり、そのまま文字数を気にすることなく入力できるのはとても便利です！

✏️ 最終更新 10:30 · 2023/09/20　場所: Earth

📊 アナリティクスを表示

⚠️ **Check**

編集の時間制限は最初のポストから60分

　ポストを編集しても、編集の時間制限は更新されません。あくまで最初に投稿した時間から60分以内です。

⚠️ **Check**

履歴が残る

　編集したポストは、以前の状態も保存され、どのユーザーでも履歴を見ることができます。編集したポストには、ポストの下に「最終更新」の日時が表示されるので、編集されていることがわかります。また「最終更新」をタップすると、編集の履歴が表示され、編集前のポストも見ることができます。編集前のポストを「なかったこと」にはできませんので、ポストの内容には十分注意して、修正はあくまで誤字や表現などにとどめましょう。

← ポスト

kazuhito works ✅
@kzht_works

X Premium に登録しました！

　有料のサービスにはなりますが、仕事で使うとなるとプロモーションや告知など、長文を投稿する機会が多く、140文字では足りません。

　これまでは2つ3つに分けたり、メモアプリで長文を書いてスクリーンショットで保存したりと、いくつかの方法がありましたが、やはり、そのまま文字数を気にすることなく入力できるのはとても便利です！

← 編集履歴

最新のポスト

kazuhito works ✅ @kzht_works · 12秒
X Premium に登録しました！

　有料のサービスにはなりますが、仕事で使うとなるとプロモーションや告知など、長文を投稿する機会が多く、140文字では足りません。... さらに表示

💬　🔁　♡　📊 1　⬆️

バージョン履歴

kazuhito works ✅ @kzht_works · 55分
X Premium に登録しました！
有料のサービスにはなりますが、仕事で使うとなるとプロモーションや告知など、長文を投稿する機会が多く、140文字では足りません。... さらに表示

⚠️ **Check**

リポストが初期化される

　ポストを編集すると、他のユーザーがリポストしている場合、そのリポストが初期化され、リポストしていない状態になります。

05-04

日時を指定して投稿する

指定した日時に「予約投稿」する

投稿する文章をあらかじめ入力しておき、日時を指定して登録しておきます。すると、指定した日時に自動的にポストされ、公開されます。情報の解禁日時に合わせて投稿したり、外出中などスマートフォンを使えない時間帯にも投稿したりできます。

予約投稿を指定する

1 ブラウザーアプリでXのポスト画面を表示する。続いてポストを入力し、「予約投稿」をタップ。

2 「日付」をタップするとカレンダー画面が表示されるので、投稿する年月日を設定して、「完了」をタップ。

⚠ Check

ブラウザーアプリで操作する

予約投稿はX Premiumで利用できる便利な機能ですが、2023年10月現在、Xアプリに搭載されていません。予約投稿を設定するときには、ブラウザーアプリ（Safari、Chromeなど）を利用します。

⚠ Check

長いポストは日時指定できない

140文字を超える長いポストは、日時を指定した投稿ができず、「予約投稿」が薄く表示されます（2023年10月現在）。

⚠ Check

無料プランでも利用可能

予約投稿は無料プランでも設定できるようになりました。予約投稿に登録できるポストの数については、64件まで（2023年12月現在）ですが、この数は過去に何度か変更されてきたので、今後も変わる場合があります。

[X Premium]でできることを広げよう

05

3 「時刻」をタップし、投稿する時間を選択して「完了」をタップ。

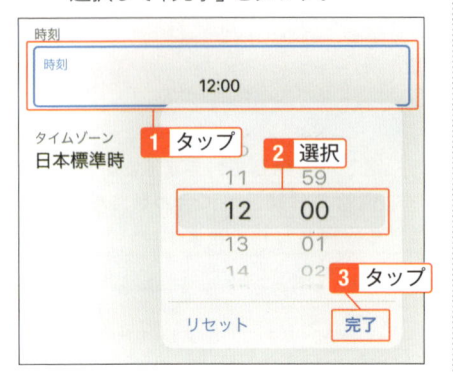

4 日時を確認して「確認する」をタップ。

5 ポストの内容を確認して、「予約設定」をタップ。

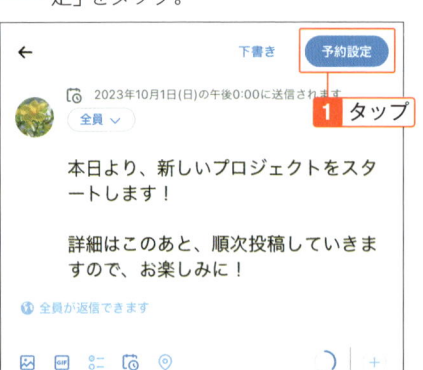

⚠️ **Check**

設定した日時が表示される

予約投稿を設定したポストには、予約設定を確定するまでは上部に予約した日時が表示されます。特に重要な情報解禁などをポストするときには、日時を十分に確認してください。

6 ポストの送信日時が設定される。

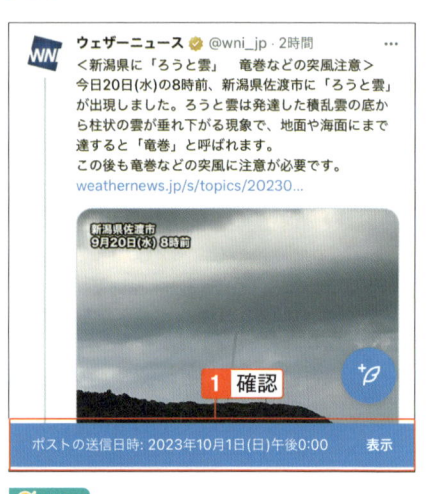

💡 **Hint**

予約投稿を予約日時より前に修正する

予約投稿は、「下書き」に保存されます。ブラウザーアプリのホーム画面で右下の「ポスト」ボタンをタップしてポスト画面を表示し、「下書き」をタップすると「予約済み」タブが表示され、予約しているポストが表示されます。内容を編集したり日時を変更したりする場合は、ポストをダブルタップします。

なお、下書きは予約投稿を操作した端末のブラウザーアプリのみで表示され、Xアプリやほかの端末のブラウザーアプリでは表示されません。

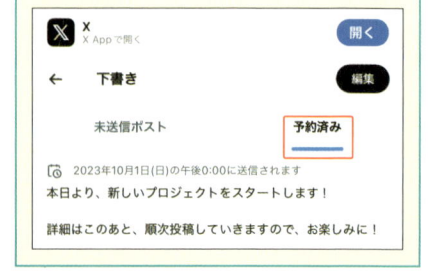

05-05

文字飾りを付けてポストする

太字や斜体を使ってポストを目立たせる

X Premiumでは、ポストの文字を太字や斜体にすることができます。強調したい部分を太字や斜体にすることで、タイムラインの中で目に留まりやすくなり、より多くのユーザーに伝わる可能性が高まります。

ポストの文字を太字・斜体にする

1 パソコンのブラウザーアプリでXを表示し、「ポストする」をクリック。

2 文章を入力する。

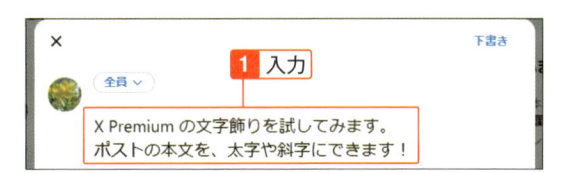

3 太字にする文字を選択して、「太字」（「B」）をクリック。

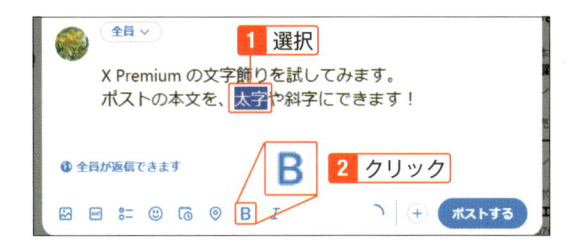

⚠️ **Check**

文字飾りはパソコンのブラウザーアプリのみ

　ポストに太字や斜体を付けるには、パソコンのブラウザーアプリで入力する必要があります。スマートフォンのXアプリやブラウザーアプリでは利用できません（2023年10月現在）。ただし、太字や斜体が設定されたポストは、スマートフォンのXアプリやブラウザーアプリでも見ることができます。
　パソコンを使ったXの操作については、Chapter10を参照してください。
　ただし、Chromeなどスマートフォン上でパソコン画面の状態を表示できるアプリであれば、文字飾りも利用できることがあります。

4 選択した文字が太字になる。

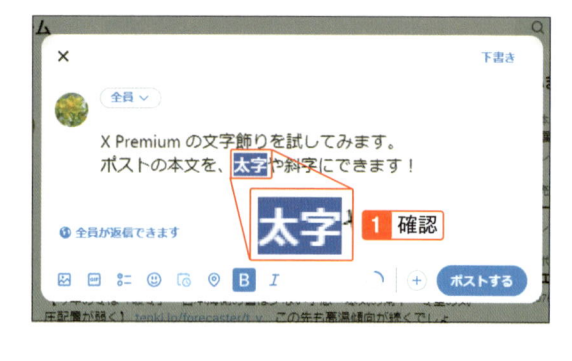

5 同様に、斜体にしたい文字を選択して「斜体」(「I」)をクリックすると、文字が斜体になる。

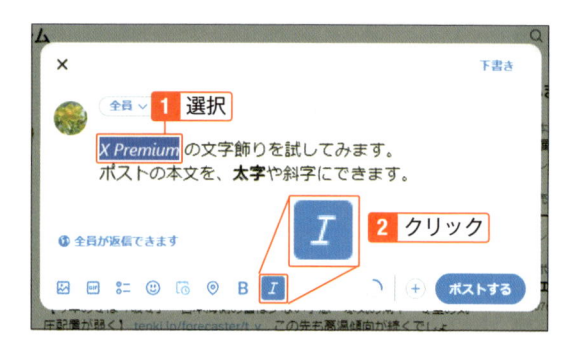

6 入力が完了したら「ポストする」をクリック。

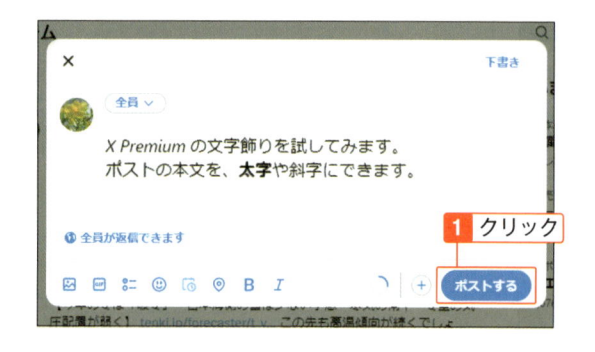

7 文字飾り付きのポストが投稿される。

ユーザーを上手に整理して
もっと快適に使おう

フォローしているユーザーが増えると、ポストのチェックだけ
でも大変な手間と時間がかかります。フォロワーが増えてくる
と、中には不快なコメントをしてくるユーザーが現れるかもし
れません。顔の見えないSNSの世界だからこそ、快適に使うた
めにはユーザーやポストを上手に整理するテクニックが必要
です。

06-01

リストを作る

リストでフォローしているユーザーを分類・整理できる

「リスト」はユーザーをグループに分類して整理できる機能です。フォロワーが増えてくるとホーム画面のポストが増えて、見るのに苦労します。そこで特に見逃したくないユーザーのポストがある場合、ユーザーをリストに登録しておきます。

リストを新規作成する

1 アカウントアイコンをタップし、「リスト」をタップ。

2 右下の「リストを作成」をタップ。

3 リストに付ける名前を入力する（必要に応じてメモやコメントも入力できる）。公開／非公開を選択し、「完了」をタップ。

⚠ Check

リストは非公開にしておく

「非公開」をオンにすれば、そのリストはほかのユーザーから見られない状態になります。「オフ」のままだと、作成したリストがすべてのユーザーに公開されます。ほかのユーザーが公開しているリストから欲しい情報を見つけることもできます。

4 リストの名前で検索されたユーザーが表示される。リストにユーザーを登録するのはユーザーのページから行う方が便利なので、ここでは登録をせずに「完了」をタップ。

5 リストが作成される。

06

ユーザーを上手に整理してもっと快適に使おう

⚠️ Check

おすすめの公開リスト

リストには、自分が作成したもの以外に、Xがおすすめする公開のリストが表示されます。フォローするとリストに登録されているアカウントをまとめてリストで見ることができるようになります。

リストにユーザーを登録する

1 リストに登録するユーザーのページを表示して「…」（メニュー）をタップし、「リストへ追加または削除」をタップ。

2 追加するリストをタップ。

3 「戻る」をタップ。

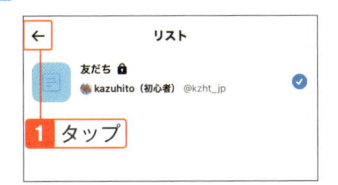

06-02

リストに登録したユーザーのポストを見る

フォローしなくてもポストを確実にチェックできて便利

リストを使うとポストの表示を整理できます。フォローしているユーザーが増え、ホーム画面が多くのユーザーのポストでいっぱいになっても、ユーザーをリストに整理しておけば、絞り込んでポストを表示できます。

リストを表示する

1 アカウントアイコンをタップ。

2 「リスト」をタップ。

💡Hint

フォロワーにならずにポストをチェック

リストにはフォローしていないユーザーも登録できます。つまり、リストを使うと、フォローしないでポストをチェックできるようになります。自分がフォローしているユーザーはフォローとして公開され、また相手にもフォロワーとして公開されます。フォローを公開されたくない場合、リストを使えばフォローを気づかれずにポストをチェックできます。

3 ポストを見るリストをタップ。

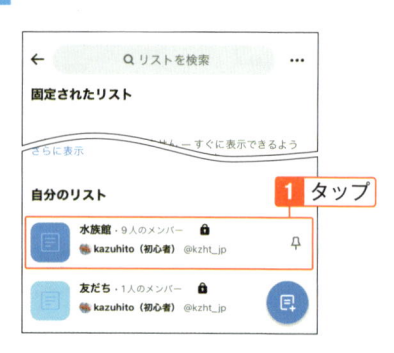

4 リストに登録されているユーザーのポストが表示される。

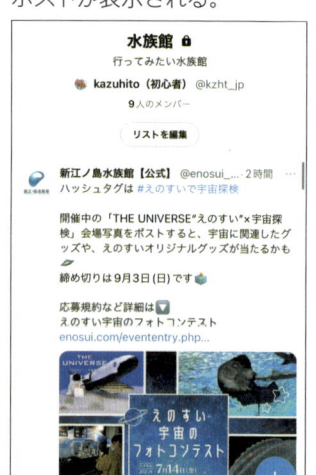

06-03

リストを編集する

リストに後からユーザーを追加・削除できる

リストは編集できます。ユーザーを追加したり、リストから削除することもできますし、もちろんリストごと削除することもできます。Xを使いこなしてくると、必要な情報を効率よく探すためにリストの使い方が大きなポイントになります。

リストにユーザーを追加する

1 リストに登録するユーザーのページを表示して「…」(メニュー) をタップ。

2 「リストへ追加または削除」をタップ。

3 追加するリストをタップ。

4 「戻る」をタップ。

リストからユーザーを削除する

1 アカウントアイコンをタップ。

2 「リスト」をタップ。

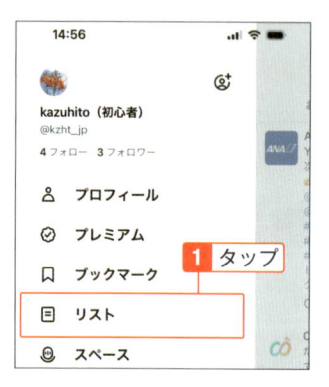

3 削除するユーザーが登録されているリストをタップ。

4 「リストを編集」をタップ。

5 「メンバーを管理」をタップ。

6 削除するユーザーの「削除」をタップすると、リストからユーザーが削除される。

リストを削除する

1 リストの一覧を表示し、削除するリストをタップ。

2 「リストを編集」をタップ。

3 「リストを削除」をタップ。

4 「削除」をタップ。

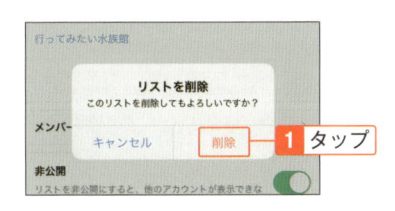

5 リストが削除される。

ユーザーを上手に整理してもっと快適に使おう

06-04

よく使うリストをタブで表示する

リストをホーム画面のタブに表示する

リストを多く作るようになると、見るリストを探すのも手間がかかります。そこでよく使うリストを固定表示すると、リストの最上部に表示され、さらにホーム画面のタブに登録されて、すぐに見られるようになります。

リストをタブに表示する

1 アカウントアイコンをタップ。

2 「リスト」をタップ。

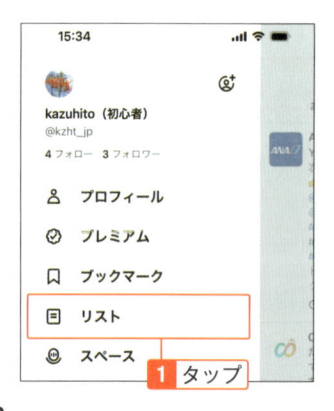

3 固定表示するリストのピンをタップしてオンにする。

📝 Note

ピンのアイコン

ピンのアイコンは「ピン留め」するという意味です。コルクボードなどに留めるピン（画鋲）に由来しています。

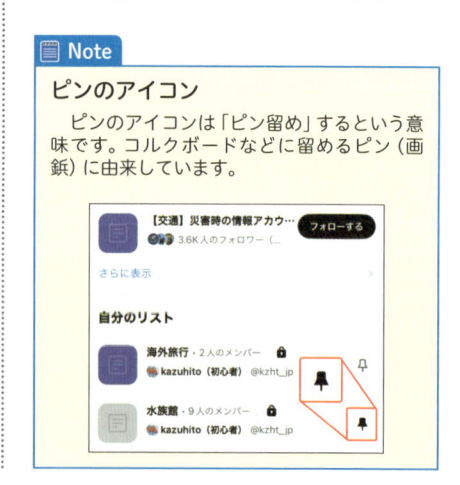

4 固定表示したリストが最上部に表示される。

1 確認

5 ホーム画面に表示されるタブをタップ。

1 タップ

6 リストのポストが表示される。

⚠️ Check

タブ表示を解除する

リストをタブの表示から解除するときは、前ページ手順3の画面で、ピンのアイコンをタップしてオフにします。

💡 **Hint**

固定表示の数は5個まで

固定表示するリストの数は最大5個までです。一方でリストを多く固定表示にすると、タブが画面の幅からはみ出して、スワイプが必要になります。そこでリストの名前をコンパクトに短くすると、画面の幅に収まり、スムーズにリストのポストを表示することができます。

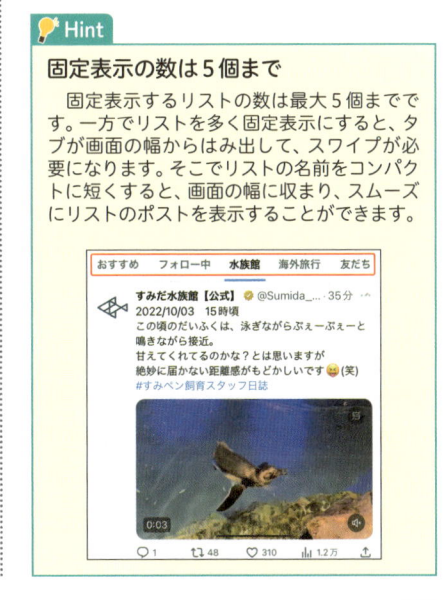

06-05

特定ユーザーのポストを通知で チェックする

特に興味のあるユーザーのポストはすぐに知りたい

特に興味のあるユーザーのポストは、いち早く知りたいもの。そのユーザーがポストしたときに、アプリから通知を受け取れるようにすれば、ポスト直後にチェックできるようになります。

ポストがあったら通知されるようにする

1 ポストの通知を受けたいユーザーの ページを表示して、「通知」をタップ。

2 「すべてのポスト」をタップすると、 チェックマークが付いて、通知が設定される。確認のメッセージが表示されたら「OK」をタップ。

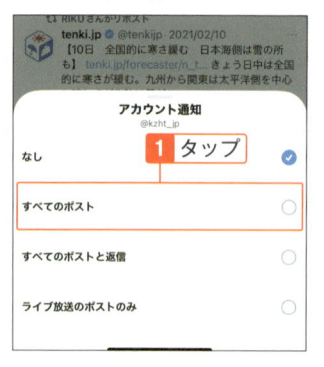

3 投稿があると通知が届くようになる。

> 🔍 **Hint**
>
> **ライブ放送のポスト通知**
>
> 　手順2で「ライブ放送のポストのみ」を選択すると、通常のポストでは通知せずに、そのユーザーがライブ配信を開始したときだけに通知されます。ライブ放送を見逃したくない場合に使います。

06-06

特定ユーザーのポストを一時的に 非表示にする

「ブロックしたくないけど、ポストは見たくない」相手に

フォローを解除したりブロック（拒否）したりはせずに、「今はとりあえずポストを非表示にする」ことをミュートと呼びます。ポストの流れが速いときや、ポストが多くて他の情報を見逃しそうなときに役立ちます。

ポストをミュートする

1 ポストをミュートするユーザーのページを表示して「…」（メニュー）をタップ。

2 「@（アカウント名）さんをミュート」をタップ。確認のメッセージが表示されたら「はい」をタップ。

3 ミュートしていることを示すアイコンが表示される。

⚠️ **Check**

ミュートを解除する

ミュートを解除するときは、ミュートのアイコンをタップします。

06-07

会話状態のポストで通知をオフにする

返信でつながる「会話」が延々と続いて通知が煩わしいときに

ポストに返信が付き、それにさらに返信が付くといったX上での会話のような状態になることがあります。フォローしているユーザー同士で盛り上がり、通知がひんぱんに届いて煩わしいときは、会話をミュートしておくと通知がオフになります。

会話をミュートする

1 ミュートする会話のポストをタップ。

2 「…」（メニュー）をタップ。

会話のミュートは通知がオフになる

会話をミュートしてもポストは非表示になりません。会話のミュートはリプライ（返信）の通知がオフになる機能です。

💡 Hint

拡散されたときに効果的

自分のポストが拡散されたときに、リポストやリプライ（返信）の通知が大量に届きます。このとき会話をミュートしておくと、鳴りやまない通知を止めることができます。また、稀に自分のポストについた返信に次々と返信が付き、話の本筋と外れて勝手に盛り上がることが起きます（巻き込みリプライ）。このときも会話をミュートすると通知を止めることができます。

3 「この会話をミュート」をタップ。

4 会話の返信が非通知になる。

ミュートした返信の表示は可能

　ミュートはブロックと違い、表示されます。会話をミュートすると、それ以降に返信が投稿されても通知されず、またタイムラインやホーム画面にも表示されません。返信を見たいときには、会話状態になっているポストを表示して、「このスレッドを表示」をタップすれば返信を表示することができます。

ミュートを解除する

　会話のミュートは、ポストが非表示になることはありませんので、ホーム画面からミュートした会話を表示して「メニュー」をタップすれば、ミュートを解除できます。

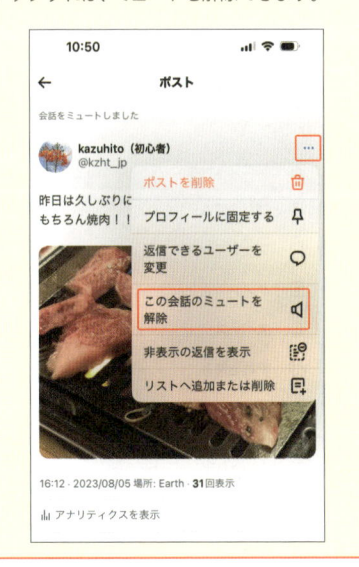

06-08

特定のキーワードを含むポストを非表示にする

ユーザーだけでなく、キーワードもミュートできる

ミュートでは、指定したキーワードを含むポストを非表示にすることもできます。興味のない内容に関連する言葉や不快な言葉を登録しておくことで、それらを自動的に非表示にできます。

キーワードでミュートする

1 アカウントアイコンをタップ。

2 「設定とサポート」の「設定とプライバシー」をタップ。

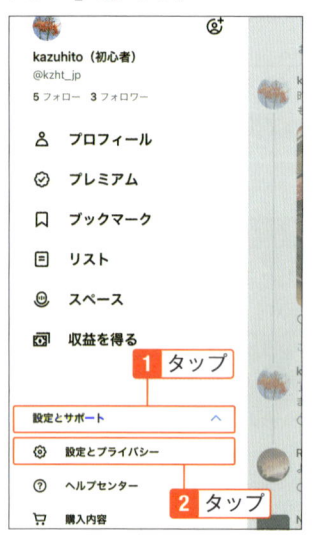

3 「プライバシーと安全」をタップ。

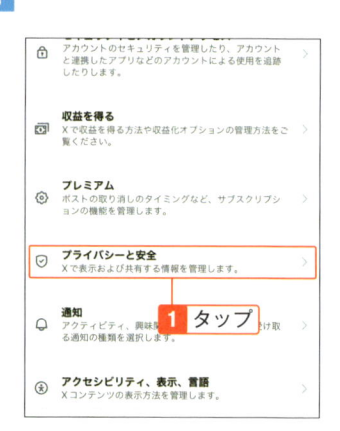

4 「ミュートとブロック」をタップ。

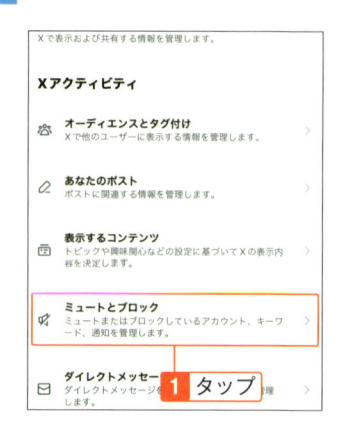

5 「ミュートするキーワード」をタップ。

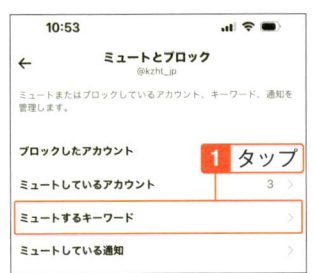

6 「OK」をタップ。次回以降はこの画面は表示されない。

💡 Hint

ユーザーやハッシュタグをミュートする

ミュートするキーワードには、単語だけでなく、短い文章（例：メールしませんか？）、ユーザー名（例：@abcdefgh）、ハッシュタグ（例：#拡散希望）を指定できます。

💡 Hint

ミュートの対象と期間

「ミュート対象」と「ミュート期間」で細かい動作を設定できます。ミュート対象で「すべてのアカウント」を選択すると、フォローしているユーザーの投稿でも該当するキーワードを含むポストがミュートされます。また「ミュート期間」では「再度オンにするまで」の他に「24時間」「7日」「30日」を選択できます。

7 「追加する」をタップ。

8 キーワードを入力して「保存」をタップ。1つの設定には1つのキーワードだけを入力する。

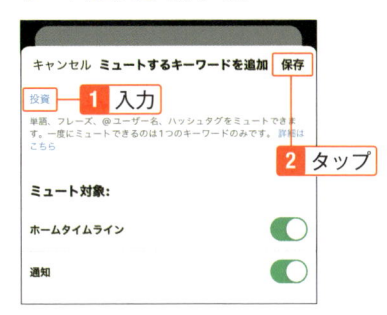

9 キーワードが登録される。

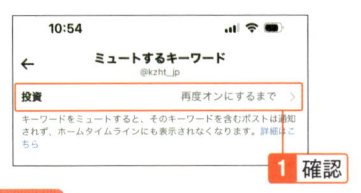

⚠️ Check

ミュートの設定やキーワードの削除をする

キーワードを登録したあと、「ミュートするキーワード」でキーワードをタップすると、ミュートの設定ができます。ホーム画面に表示しない、通知をしない、ミュートの対象になるアカウント、期間を設定できます。また「キーワードを削除」をタップすれば、キーワードをミュートの登録から削除します。

06
ユーザーを上手に整理してもっと快適に使おう

06-09

ミュートしたアカウントを まとめて解除する

ミュートが多くて、どれがミュート中かわからない時などに

ミュートしたアカウントはそのユーザーのページからも解除できますが、ミュートした アカウントがわからなくなった場合など、アカウントのリストから解除できます。定期 的に確認してミュートを整理するようにしましょう。

ミュートを解除する

1 「設定」画面（前SECTION手順1、2 参照）で「プライバシーと安全」を タップ。

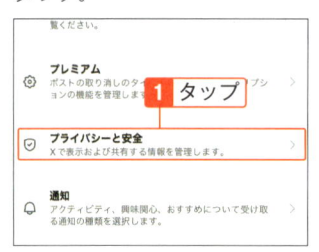

2 「ミュートとブロック」をタップ。

💡 **Hint**

アカウント一覧でミュートを解除

ミュートしているアカウントの一覧でアカ ウントを長押しして「@（ユーザー名）さんの ミュートを解除」をタップしても、ミュートを 解除できます。

3 「ミュートしているアカウント」を タップ。

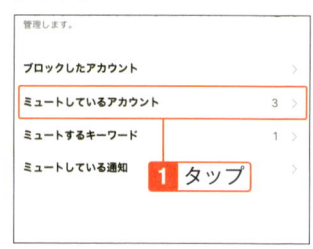

⚠️ **Check**

キーワードによるミュートを解除する

「ミュートするキーワード」をタップすると、 ミュートしているキーワードを選んで解除で きます。

4 「ミュート」（スピーカーのアイコン） をタップすると、ミュートのアイコ ンが解除（色が消えた状態）になる。

ユーザーをブロックする

不快なコメントや勧誘を遮断して快適に使おう

Xは広く開かれた世界なので、必ずしもマナーが良い人ばかりとは限りません。中には不快なコメントを送ってくる人がいるかもしれません。不快な思いをしたりトラブルに巻き込まれそうだと思ったら、ユーザーをブロックして拒否します。

ブロックして見えなくする

06

ユーザーを上手に整理してもっと快適に使おう

1 ブロックしたいユーザーのポストで「…」(メニュー) をタップ。

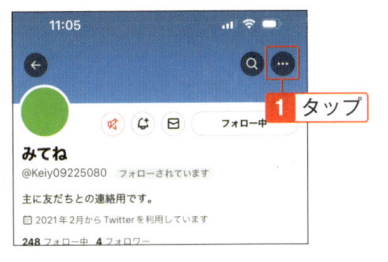

2 「@(ユーザー名) さんをブロック」をタップし、メッセージが表示されたら「ブロック」をタップ。

3 ブロックに登録され、自分のタイムラインで非表示になる。

🔆 Hint

相手からも見えない

　ユーザーをブロックすると、そのユーザーから自分のプロフィールやポストが見られなくなります。もちろんコメントやダイレクトメッセージを送ることもできません。

🔆 Hint

ブロックされたことはわからない

　ユーザーをブロックしたときに、そのユーザーに通知が届いたり、ブロックされていることが表示されたりすることはありません。相手は何らかで気づかない限り、ブロックされていることはわかりません。

06-11

ユーザーのブロックを解除する

少しでも不安があったら解除はしない方がいい

ブロックの解除は慎重に行いましょう。「投稿が多い」といった一時的な理由であればブロックの解除は問題ありませんが、「過去に不快な返信が届いた」「無関係な広告をリポストする」といった理由であればブロックは解除しない方が賢明です。

ブロックを解除する

1 「設定」画面で「プライバシーと安全」をタップ。

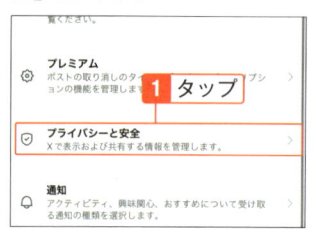

2 「ミュートとブロック」をタップし、次の画面で「ブロックしたアカウント」をタップ。

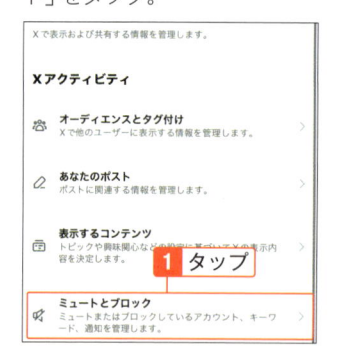

⚠ Check

ブロック中のポストも表示される

ブロックを解除すると、ブロックしていた間のそのユーザーのポストやリポストも表示されるようになります。

3 「ブロック中」をタップすると表示が「ブロック」になり、ブロックが解除される。

⚠ Check

「ブロックしたアカウント」から削除される

ブロックを解除すると、「ブロックしたアカウント」でボタンが「ブロック」に変わりますが、そのままホーム画面などに切り替えて次に「ブロックしたアカウント」を表示すると、ブロックを解除したアカウントは一覧からなくなっています。

06-12

非公開ユーザーをフォローする

非公開ユーザーのポストを見る唯一の方法

ポストを非公開にしているユーザーのポストを見るには、フォローを承認してもらいます。フォロワーとなれば、ポストを見ることができます。承認されるためには自分がどのような人か、プロフィールなどでわかるようにしておくとよいでしょう。

フォローリクエストを送る

1 フォローしたいユーザーのページを表示して「フォローする」をタップ。

2 「フォロー許可待ち」となる。

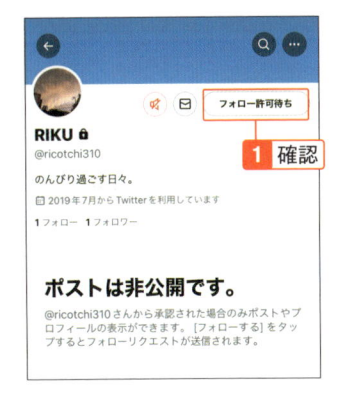

3 フォローが承認されると「フォロー中」に変わり、ポストが表示されるようになる。

⚠️ Check

フォローリクエストを取り消す

フォローリクエストを取り消すときは、手順2の画面で「フォロー許可待ち」をタップして、「フォローリクエストを取り消す」をタップします。

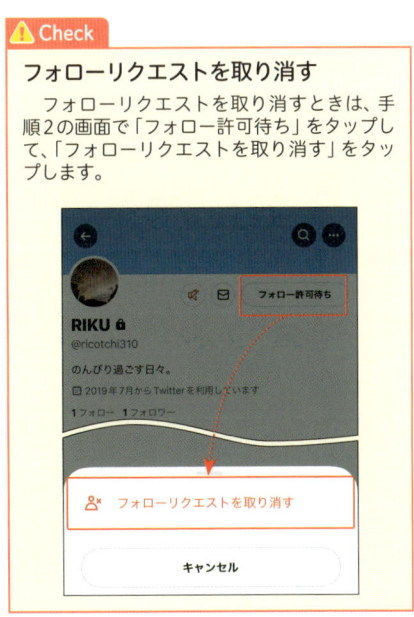

06

ユーザーを上手に整理してもっと快適に使おう

153

06-13

フォローリクエストを承認する

フォローリクエストは拒否もできる

自分がポストを非公開にしている場合、フォローリクエストが届いたら、承認するか拒否するか決めます。承認すれば相手はフォロワーとなり、拒否すればフォロワーにはなりません。リクエストを拒否しても、相手には通知されません。

届いたリクエストを承認／拒否する

1 アカウントアイコンをタップ。

2 メニューに「フォローリクエスト」が表示されたらタップ。

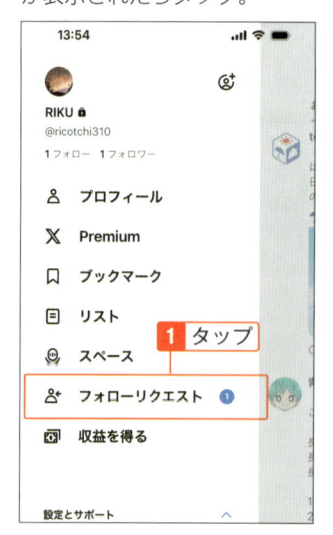

3 承認する場合「チェックマーク」をタップ。

⚠️ **Check**

フォローリクエストを拒否する
　フォローリクエストを拒否するときは「×」をタップします。

4 フォローが承認される。

効率よくポストを探す
テクニック

Xは情報ツールとしてもたいへん役立ちます。時々刻々と新しいポストが投稿され、その中にはリアルタイムだからこそ得られる「今」の情報がたくさん存在しています。世界中から投稿される数多くのポストから、自分が必要な情報を探し出すには検索のテクニックが重要。単純なキーワードを使った検索に加えて、もう一工夫することで欲しい情報により近づくことができるでしょう。

07-01

キーワードでポストを検索する

任意のキーワードで検索できる。多少長くても大丈夫

Xアプリのキーワード検索は、無数にあるポストの中から、そのキーワードを含むポストを見つけることができます。最近のものから検索されるので、刻々と変わる今の状況を一早く知ることができます。

キーワードで検索する

1 ホーム画面で「検索」をタップ。

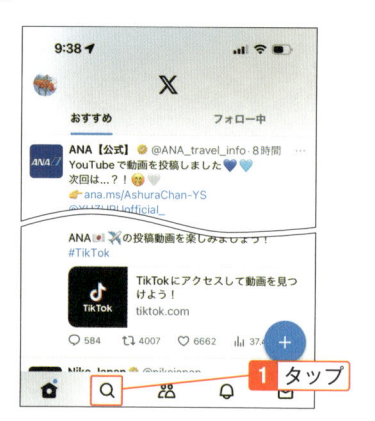

2 「検索」をタップ。

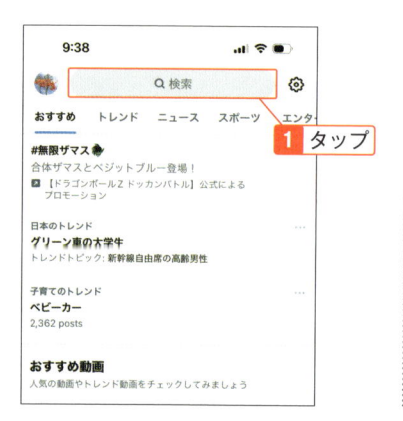

3 キーワードを入力して「検索」をタップ。

💡 Hint

多くポストされているキーワードが検索候補に

　検索キーワードを入力すると、そのときのポストに多く含まれるキーワードが候補で表示されます。検索候補に該当するものがあれば、タップして結果を表示できます。

4 検索結果が表示される。「話題」タブには注目度の高いポストが表示される。

5 「最新」タブには検索キーワードを含むすべてのポストが新しいものから順に表示される。

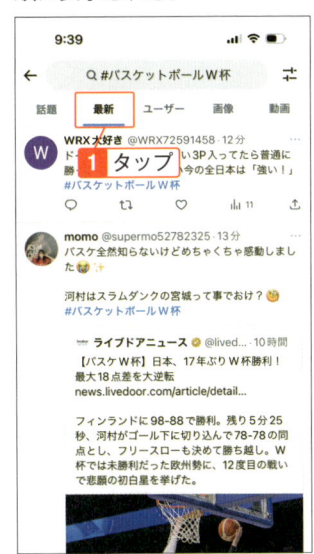

💡 **Hint**

キーワードを自動分解

　キーワードを長めに入れたり、文章で検索したときには、自動的に内容を分解し、完全に一致するもの以外にも関連しそうな検索結果を表示します。

💡 **Hint**

検索履歴から探す

　何度か検索を行うと、検索画面に過去の検索履歴が表示されます。同じキーワードで何度も検索するときには検索履歴を使うと便利です。

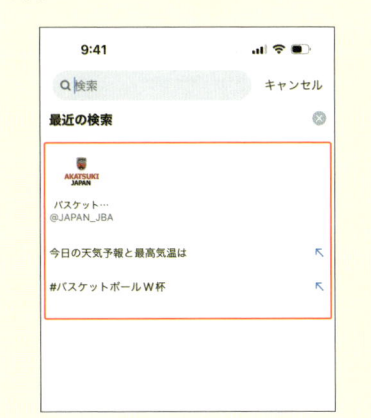

07-02

条件付きでポストを検索する（AND検索）

複数のキーワードをすべて含むポストを検索する

複数のキーワードを指定して「すべてのキーワードを含む」ような検索を「AND検索」と呼びます。指定するキーワードの数に制限はなく、汎用的な言葉の検索だと多くの検索結果が出てしまいますが、キーワードを増やすことで情報を絞り込めます。

AND検索する

1 ホーム画面で「検索」をタップ。

2 「検索」をタップ。

3 複数のキーワードをスペースで区切って入力して「検索」をタップ。

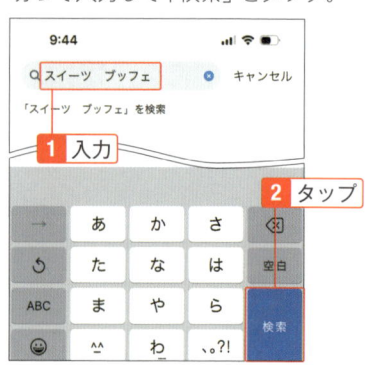

4 検索結果が表示される。

07-03

条件付きでポストを検索する（OR検索）

いずれかのキーワードを含むポストを検索する

複数のキーワードのうち「いずれかのキーワードを含む」検索を「OR検索」と呼びます。「A」または「B」を含む情報を探したいとき、「A」の検索し次に「B」を検索といった方法がありますが、「OR検索」で「AまたはB」を検索すれば一度で済みます。

OR検索する

1 ホーム画面で「検索」をタップ。

2 「検索」をタップ。

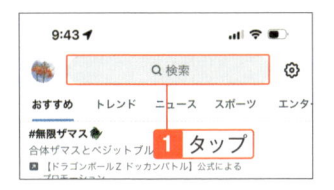

3 複数のキーワードの間に「 OR 」を入力して「検索」をタップ。

⚠️ **Check**

OR検索は半角大文字

OR検索の区切りに使う「OR」は必ず半角の英数大文字で入力します。また、前後には半角のスペースを入力します。

159

4 検索結果が表示される。

💡 **Hint**

カッコを付けて細かく条件を指定する

条件式を使った検索は一般的な数式と同じように、複数の条件を並べて検索することもできますし、カッコ（半角）で優先順位を付けることもできます。たとえば

スイーツ（ケーキ OR フルーツ）

で検索すれば、「スイーツ」と「ケーキまたはフルーツ」が含まれる結果を表示します。つまり、「スイーツ AND ケーキ」または「スイーツ AND フルーツ」の検索になります。

💡 **Hint**

その他の主な条件式

ポストの検索で使える条件式は多くありますが、「OR」の他にも次のものは覚えておくと便利です。

条件式	意味	記述例	補足
" "	完全に一致した言葉	" 今日の天気 "	「天気」や「今日の東京の天気」は検索対象にならない
-	除く	天気 - 雨	「天気」を含むポストのうち「雨」を含むものを除く
:)	ポジティブ検索	テスト :)	「テスト」を含むポジティブな内容のポストを検索
:(	ネガティブ検索	テスト :(	「テスト」を含むネガティブな内容のポストを検索
since:	期間（から）	サッカー since:2023-10-01	2023 年 10 月 1 日以降のポストを検索
until:	期間（まで）	サッカー until:2023-10-01	2023 年 10 月 1 日以前のポストを検索

07-04

注目されている話題のポストを探す

ハッシュタグは、注目している人が多いキーワード

ハッシュタグは、キーワード検索よりもさらに注目されているキーワードです。ポストのタイトルや見出しとも言えます。ハッシュタグでポストを検索すれば、より知りたい話題に近づくことができます。

ハッシュタグで検索する

1 ホーム画面で「検索」をタップ。

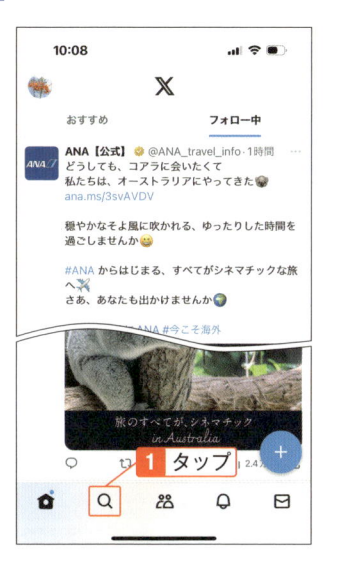

2 「検索」をタップ。

3 ハッシュタグを入力して「検索」をタップ。

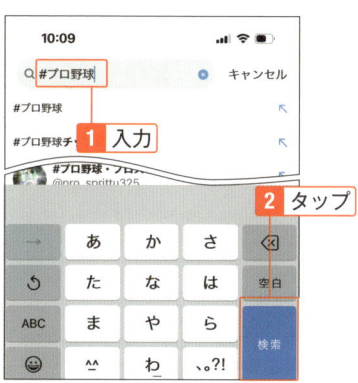

4 検索結果が表示される。

07

効率よくポストを探すテクニック

07-05

キーワードでユーザーを探す

ユーザーの表示名またはアカウント名で検索

たとえば有名人や企業の公式Xを見たいときには、通常のキーワード検索から検索対象を「ユーザー」だけに絞ります。有名人や企業は、正確なフルネームを忘れてしまっても、一般的に知られている通称や相性で探せる場合もあります。

ユーザーの表示名で検索する

1 ホーム画面で「検索」をタップ。

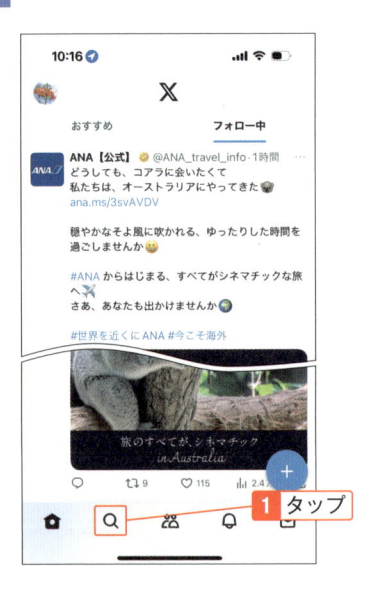

2 「検索」をタップ。

3 名前を入力して「検索」をタップ。

> ⚠ **Check**
>
> **有名人や企業はそのままの名前が基本**
>
> 一般的なXユーザーは表示名を好きなニックネームなどにしていますが、有名人や企業は基本的にグループ名や芸名、会社名のように一般的に知られている名前で検索すれば見つかります。

4 「ユーザー」をタップ。

タップ

5 関連するユーザーが表示される。

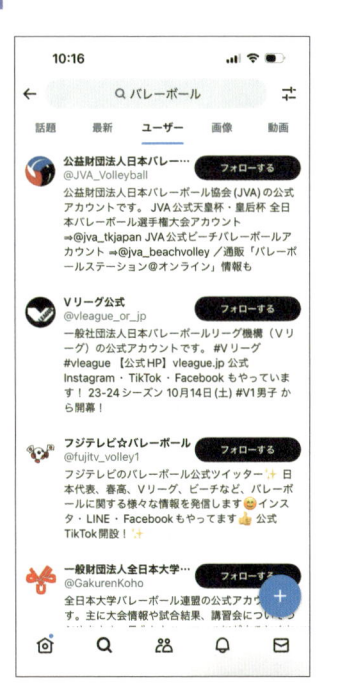

 Hint

アカウント名がわかっている場合

　ユーザー名を表示名で検索するときの問題は「同姓同名の人物」や「同名の会社」があることです。まったくの他人や関係のないアカウントと間違えたり、「なりすまし」を本物と思ってしまう可能性もあります。

　一方でアカウント名は重複していないので、もし探したいユーザーのアカウント名がわかっている場合、アカウント名で検索すると確実です。

▲表示名で検索すると、近いものが複数ヒットする。

▲アカウント名で検索すれば、目的の相手のみがヒットする。

07-06

トレンドを表示する国を変える

海外で、その国のトレンドを見る時などに役立つ

普段はトレンドの場所を変える必要はありません。国内および自分のいる周辺、フォローユーザーなどから最適なトレンドが表示されます。ただ海外での話題を見たいときなど、トレンドの対象となる場所を変えることもできます。

トレンドの場所を変える

1 ホーム画面で「検索」をタップ。

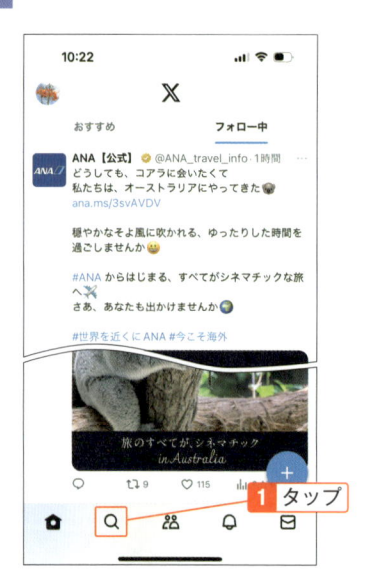

2 トレンドが表示されるので、右上の「設定」をタップ。

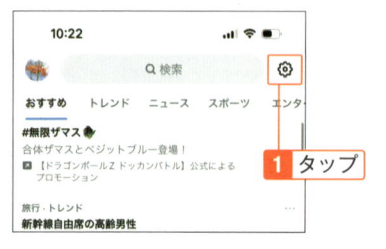

3 「現在の場所のコンテンツを表示」をオフにする。

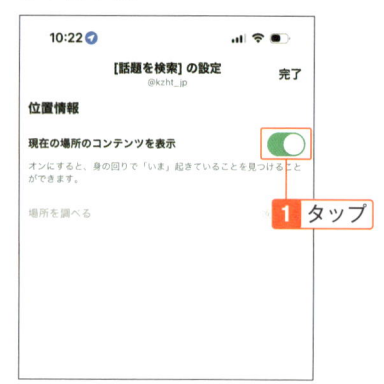

4 「場所を調べる」をタップ。

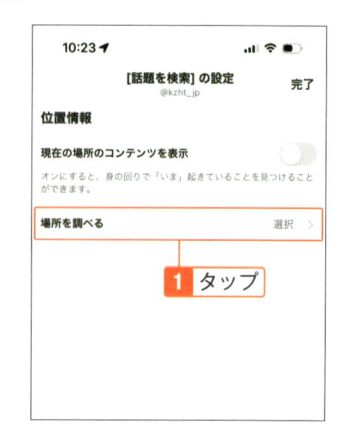

5 「場所を検索」をタップ。

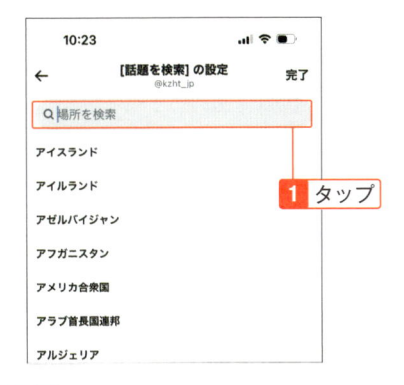

💡 Hint

リストから国名を選べる

　表示されている国名から探してタップし、設定することもできます。

6 国名の一部を入力し、国名をタップ。

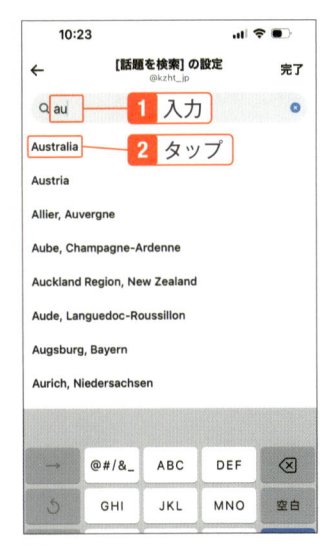

💡 Hint

日本語での入力も可能

　国名は日本語で入力し、検索することもできます。

7 「完了」をタップ。

8 選んだ地域のトレンドが表示される。

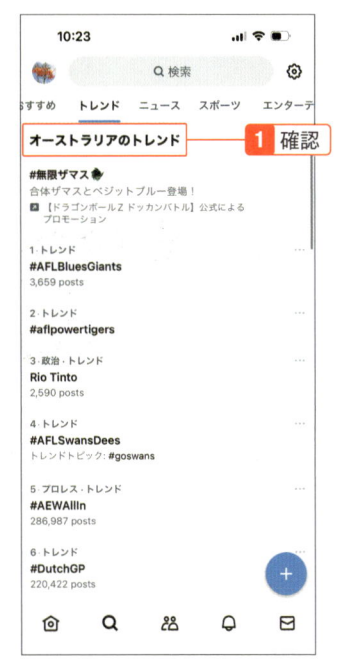

「トレンドに上がる」とは

　しばしばSNSやメディアなどで「○○がトレンドに上がった」と言われます。あるキーワードについてXで多くのポストが投稿され、話題が集中している状態を示す表現です。

　この場合、「トレンドに上がる」、「トレンドで第1位」、といった状態は一般的に、「トレンド」タブに表示されているキーワードやその順位を示しています。

　一方で、アプリの画面には「おすすめ」タブにも順位が付いたキーワードが並んでいます。これも「トレンド」と思ってしまうユーザーも多いのですが、こちらはユーザーのポストやフォローユーザーの傾向などから、そのユーザーの趣味や趣向に合わせて絞り込んだキーワードの順位です。「おすすめ」タブにはユーザーが興味を持っている話題と推測されるキーワードが表示されますので、「おすすめ」タブの内容は日本や世界で多くポストされている「トレンド」とは少し異なります。いわばそのユーザーのための「話題のキーワード順位」といった位置づけです。

　もし、日本で、あるいは世界でそのとき話題になっている「トレンド」を調べたい場合は「トレンド」タブを参照しましょう。「おすすめタブ」に表示されているキーワードの順位は、他のユーザーにとってのトレンドの順位とは異なります。

　また、順位の表示には、そのキーワードがどのような分野で話題となっているかも表示されます。「スポーツ・トレンド」であれば、スポーツ分野で話題になっているキーワードであることがわかります。

▲「おすすめ」タブはユーザーの趣味趣向に合わせた話題のキーワード

▲「トレンド」タブは日本や世界で話題となっているキーワードの順位

「スペース」で
音声発信をしよう

Xは文字や写真、動画を投稿するSNSのイメージが強いのですが、1つだけ少し風変わりな機能があります。それが「スペース」で、音声をリアルタイムで配信し、ユーザーが聴くという、ラジオのような機能です。「声のSNS」とも呼ばれるこの機能は、自分の映像を映す必要がないため動画よりもハードルが低く、情報発信の方法の一つとして利用されています。リアルタイム配信した音声はタイムラインにアーカイブとして保存、公開もできます。フォロワーをはじめとした多くのユーザーに「声という言葉」を使って情報発信したり、共通の興味を持つ雑談で盛り上がったり、そんな楽しみ方で利用されています。

08-01

「スペース」で音声発信をしよう

ラジオの生放送のような「スペース」

「スペース」は、文字ではなく、自分の声で発信するSNSで、例えるならラジオの生放送を自分でできるようなイメージです。基本はリアルタイムのトークという、これまでの文字とは全く違うコミュニケーションが広がります。

Xのもう1つ、「声のSNS」

　「スペース」は、Xの中では少し風変わりな機能です。他のさまざまな機能が、文字を投稿して会話や反応を楽しんだり、フォローやフォロワーによってコミュニケーションを広げたりするのに対して、「スペース」では文字ではなく声、つまり音声で発信するサービスになっています。

　なぜXに声のSNSなのかと言えば、従来のSNSは一般的に文字や写真、動画が使われている「見る」情報であって、音声だけというSNSはこれまであまり見られませんでした。そんな中でいくつか、声に注目したSNSが登場し、Xにもその機能が搭載されたという背景があります。

　一方で、SNSによるライブ配信など動画、映像が中心となる情報発信も普及して、多くの人が利用するようになりました。そんな中、動画は少し敷居が高い、自分には動画のライブ配信は難しいというユーザーにも、音声であればもう少しハードルが低くなり、より多くの人がリアルタイムの配信ができるようになります。

　「スペース」は、固定された投稿と、リアルタイムの動画のライブ配信の間にある存在と言えるかもしれません。

📓 **Note**

聞く方も気楽に参加

　映像を使った配信では、ユーザーは画面を見なければ内容がわからないかもしれません。しかし音声SNSでは、スマホを横に置いて聞いているだけでよいので、「ながら参加」でも楽しめます。リスナー（聞く方）としてスペースに参加する方法については、SECTION08-07、08で解説しています。

「スペース」は、Ｘのユーザーなら誰でも利用できます。特に難しい操作も必要なく、またテーマなどの縛りもありません。

１人で話すだけでは不安なら、他のユーザーをスペースに招待して、スピーカーとして同時に話してみれば、会話が盛り上がるかもしれません。そしてその会話は、Ｘを通じて公開され、興味のあるフォロワーなどが聴けるようになります。

「自分が番組を作る」というほどのことを考えなくても、例えば仲の良い友人と一緒に気軽なトークをしていたらフォロワーが集まってきた、そんな何気ない流れでスペースが進みます。もちろん、本格的に番組を企画して発信することもできますが、まずは気軽にはじめてみましょう。

スペースをビジネスに活用しているユーザーもいます。企業の広報や経営者が自ら、スペースを使って情報を発信することで、その企業の商品やコンテンツに興味を持つユーザーが集まり、企業のイメージ戦略にも役立っています。

新製品発表のように、写真や映像で見る方が効果の高い発信では、スペースは物足りないかもしれません。しかし、例えば企業のリーダーが経営論を語ったり、近況や情勢を討論するといった場には、むしろ音声だけの方がユーザーは内容に集中することができ、伝わることもあります。一方で、企業の開発者や広報が、企業の内容とそれほど関連なく、日ごろのユニークな話題を取り上げるような内容ならば、ユーザーはトークに必ずしも集中をしなくてもよく、気軽に聞き流しながらその企業のイメージを感じるといったこともできるでしょう。

いずれにしても、「広告動画を作る」「イメージ動画を配信する」といったコストも時間もかかるようなプロモーションをしなくても、スペースは音声で多くのユーザーの注目を集める可能性を持っています。

08-02

スペースを開始・終了する

スペースにはタイトルを付ける

スペースは、タイトルを付ければすぐに開始できます。何の話をしているのかだけ決めておきましょう。もちろんテーマを決めない「雑談」でも構いません。そのタイトルを見てユーザーが集まってきます。

タイトルを付けてスペースを始める

1 「＋」を長押し。

2 「スペース」をタップ。

⚠ Check

最初は概要の画面が表示される

はじめてスペースを開始するときには、概要を紹介する画面が表示されます。

⚠ Check

スペースのアイコンが表示されない

スペースのアイコンが表示されない場合は、プロフィールのアイコンをタップしてメニューを表示し、「スペース」をタップします。

3 「スペースを作成」画面でこれから始めるスペースのタイトルを入力。続いて「スペースを録音する」をオン（緑色の状態）にし、「今すぐ始める」をタップ。

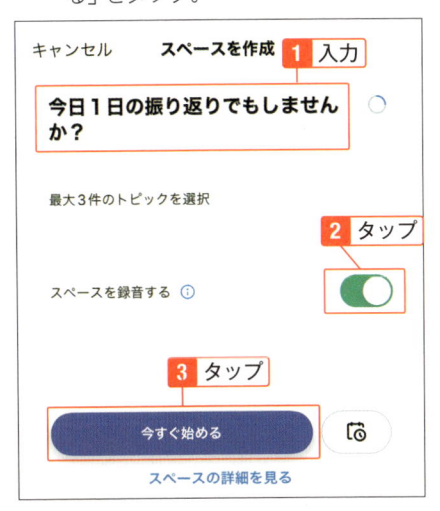

⚠ Check

タイトルは内容がわかるように

　スペースのタイトルは、話題や内容がわかるように入力します。タイトルはポスト画面にも表示されるので、他のユーザーが参加するきっかけになります。特に内容が決まっていない場合でも、ユーザーに興味を持ってもらえそうなタイトルを付けるようにします。

4 スペースが開始される。「マイク：オフ」をタップ。

5 マイクがオンになるので、トークを開始する。

⚠ Check

スペースを録音しない

　スペースは録音しておくと、スペースを終了するまでの音声がポスト画面に投稿され、あとからユーザーが聞けるようになります。特に録音する必要がない場合、録音して残したくない場合には、手順3で「スペースを録音する」をオフにします。

⚠ Check

音楽が流れる

　マイクがオフの間は、BGMが流れます。「音楽」をタップするとBGMがオフになります。

💡 Hint

他のユーザーをホストに招待する

　スペースを始めるときに、「ユーザーを招待しますか？」と表示されたら、招待したいユーザーに通知を送ることができます。特に必要ない場合は「スキップ」をタップします。

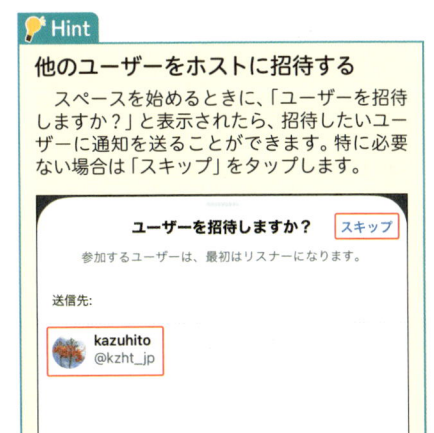

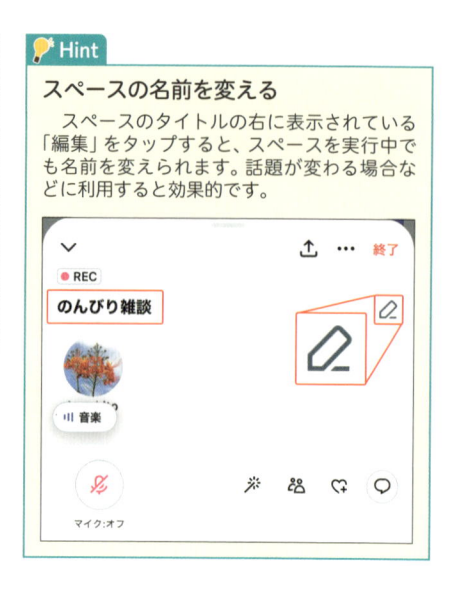

スペースを終了する

1 「終了」をタップ。

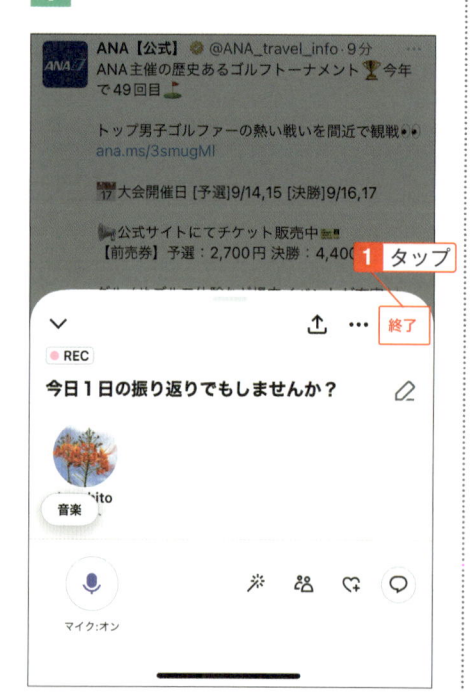

1 タップ

2 「終了する」をタップ。

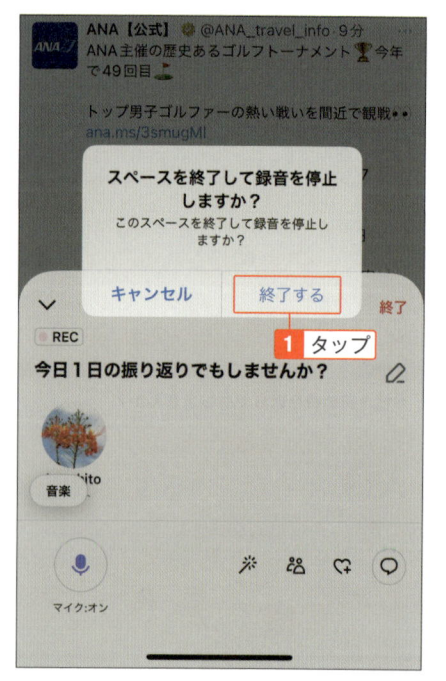

1 タップ

3 スペースが終了するので、「×」を
タップ。

4 録音したスペースが投稿される。

権限が違う3種類のユーザー

スペースでは、権限の違いによって次の3種類のユーザーがあります。

ホスト：スペースを開始したユーザー
共同ホスト：ホストと共同でスペースを運営するユーザー
スピーカー：スペース内で発言権を持つ（話すことができる）ユーザー
リスナー：スペースを聞くユーザー

このうち、スペース内で発言権があるのは、ホスト、共同ホスト、スピーカーです。また他のユーザーをスペースに招待したり削除したりするといったスペースの運営に関わる操作ができるのは、ホストと共同ホストに限られます。

スペースのホストは公開アカウントのみ

スペースを開始するには、公開アカウントである必要があります。非公開アカウントはスペースを開始できません。ただし非公開アカウントでも、スペースに参加することはできます。

スペースにユーザーが参加する

スペースにユーザーが参加すると、ユーザーのアイコンが表示されます。参加したユーザーは「リスナー」として、スペースのトークを聞くことができます。

08

「スペース」で音声発信をしよう

リスナーをスピーカー／共同ホストに招待する

「スピーカー」か「共同ホスト」になれば話せる

スペースに参加したユーザーは、通常トークを聞くことしかできません。このようなユーザーを「リスナー」と言います。一方で「スピーカー」または「共同ホスト」になると、スペースでの発言権が与えられ、ホストと一緒に話せるようになります。

リスナーをスピーカーに変更する

1 スピーカーのアイコンをタップ。

2 「スピーカーとして招待」をタップ。

⚠ **Check**

共同ホストに招待する

リスナーを共同ホストに招待するときには、「共同ホストとして招待」をタップします。

3 リスナーが承認すると、スピーカーに変更される。

⚠ **Check**

変更にはユーザーの承認が必要

リスナーをスピーカーや共同ホストに変更するときには、ユーザーの承認が必要です。変更の操作をするとリスナーに通知が届き、承認することで変更が完了します。

08-04

スピーカーのリクエストを 承認／却下する

リスナーはホストにスピーカーや共同ホストへの変更をリクエストできる

スペースに参加しているリスナーが、発言したいと思った時にはスピーカーへの変更を リクエストします。リクエストが届いたホストが承認すると、リスナーからスピーカー になり、発言ができるようになります。

リクエストを承認する

1 スペースの参加者の一覧にリクエス トが届いたら、表示される「リクエ スト」をタップ。

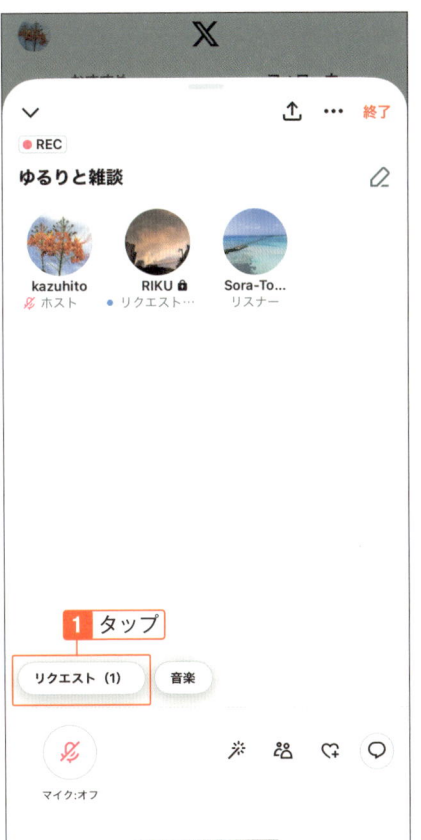

2 「承認」（チェックマーク）をタップ。

3 スピーカーに変更され、通知に「発言できるようになりました」と表示される。

1 確認

4 リストにも「スピーカー」と表示される。

1 確認

⚠️ **Check**

共同ホストへのリクエストを承認する

共同ホストへのリクエストも同様です。承認すると共同ホストに変更されます。

08-05

スペースの参加者を退出させる

不適切な発言やコメントをするユーザーを退出させる

スペースは誰でも参加できるため、ごくまれに迷惑をかけるユーザーが参加する可能性もあります。不適切な発言をしたりコメントを送信してくるユーザーは、削除して強制的に退出させます。

参加者を強制的に削除する

1 参加者のリストで退出させるユーザーをタップ。

⚠ **Check**

悪質なユーザーには報告やブロックも

悪質なユーザーに対しては、退出と同時に運営に報告したり、ブロックしたりすることができます。それぞれ状況に応じて適切なものを選択します。

3 ユーザーが削除される。

⚠ **Check**

削除されたユーザーは戻れない

削除されたユーザーは、同じスペースに再度参加することはできません。ただしスペースをいったん終了し、あらためて始めたスペースには参加できます。

2 「（ユーザー名）さんを削除」をタップ。

08-06

全員のマイクをオフにする

発言の整理がつかないときに

複数のスピーカーが同時に発言すると、話が混乱し、リスナーは内容を理解できなくなります。発言が多くなり収集がつかなくなりそうなときは、ホストが一度、全員のマイクを強制的にオフにしてトークの進行を立て直しましょう。

全員をミュートする

1 参加者のリストで、「全員をミュート」をタップ。

2 発言権のあるユーザー全員のマイクがオフになり、発言ができなくなる。

⚠️ **Check**

発言はミュートの解除が必要

ミュートされた場合、マイクがオフになり、オンにできなくなります。再び発言するには、ホストがミュートを解除する必要があります。

⚠️ **Check**

ミュートを解除する

「全員のミュートを解除」をタップすると、発言権のあるユーザー全員のミュートが解除されます。

08-07

スペースに参加する

スペースは誰でも参加できる

興味のある話題のスペースを見つけたら、参加してみましょう。スペースは誰でも参加できます。ラジオ放送やポッドキャストを聞くように、ホストやスピーカーの話を楽しめます。フォローしているユーザーなら通知でスペースの開始を確認できます。

スペースのリスナーになる

1 ホストのポストに表示されるスペースの投稿で「聞いてみる」をタップ。

⚠ Check

スペースのホストのアイコン

スペースを開始してホストになっているユーザーは、プロフィール画面でアイコンの周囲に紫色の枠が表示されます。

⚠ Check

スペースを利用するときの注意

スペースにはじめて参加するときには、スペースの内容に関する注意が表示されます。確認して「OK」をタップします。

スペースへようこそ

音声を使ってリアルタイムで会話できます

スペースは公開されます
Xにログインしていないユーザーも含め、誰でも聞くことができます。
詳細はこちら

 聞いたり、スピーカーリクエストを送信したりする
スピーカーとなっているスペースは常にフォロワーに表示されます。リスナーとなっているスペースをフォロワーに表示するかどうかは設定できます。
設定

スペースを快適に利用する
スペースに参加しているユーザーは、ブロックしたり報告したりできます。

Xでは、スパムや攻撃的な行為がないか確認するため、スペースのコピーを必ず一定期間保持しています。**詳細はこちら**

OK

2 「聞いてみる」をタップ。

4 スペースに参加し、ホストやスピーカーの音声が聞こえるようになる。

3 スペースの内容が録音されている場合、録音に関する情報が表示されるので「OK」をタップ。

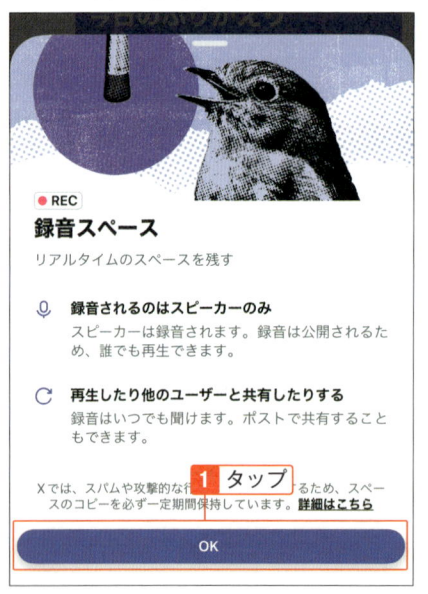

08-08

スペースにリアクションやコメントを送る

発言はできなくても反応を送れる

スペースのリスナーは発言ができませんが、絵文字を使ってリアクションを送ったり、コメントを投稿したりすることができます。リアクションやコメントを通じてホストやスピーカーとコミュニケーションを取れます。

絵文字のリアクションを送る

1 スペースの右側の「リアクション」をタップ。

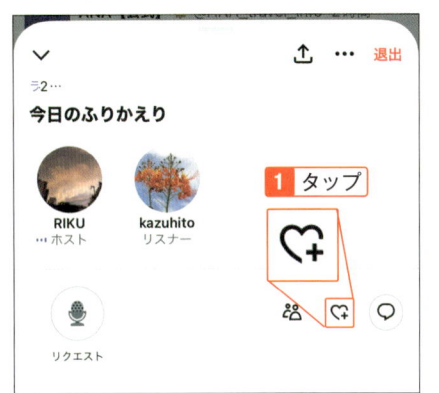

2 送る絵文字をタップ。

💡 **Hint**

色を変える

リアクションの絵文字を長押しすると、肌の色を変えることができます。

3 リアクションが送られ、アイコンが変化する。

「スペース」で音声発信をしよう

08

4 少し経つと送ったリアクションはアイコンの右上に表示されるようになる。

💡 Hint

ホストやスピーカーが送るリアクション

リアクションはホストやスピーカーも送れます。さらにホストやスピーカーは「効果音」をタップすると、さまざまな効果音をスペースに流すことができます。

コメントを送る

1 スペースの右側の「返信」をタップ。

2 コメントを入力して「返信」をタップ。

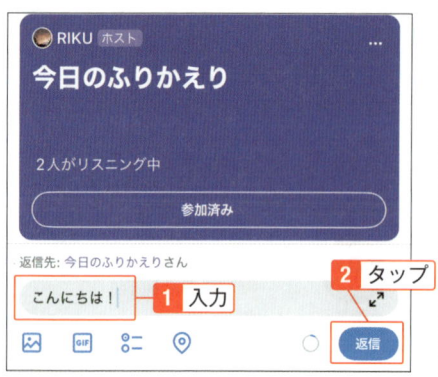

3 スペースにコメントが送信される。

⚠️ Check

コメントはポストの返信として送信される

スペースで送信したコメントは、ホストのスペースのポストに返信として送信されます。スペースが終了したあともホストが削除しない限り残り、また返信はスペースに参加していない人も含めたすべてのユーザーに公開されます。

スピーカーになるリクエストを送る

発言権をリクエストする

スペースの参加者は一般的に「リスナー」となり、リアクションやコメントは送れても、声による発言ができません。発言をしたいときにはホストにリクエストを送り、承認されると発言できるようになります。

ホストに発言権をリクエストする

1 スペースの画面で「リクエスト」をタップ。

2 「スピーカーリクエスト」をタップ。

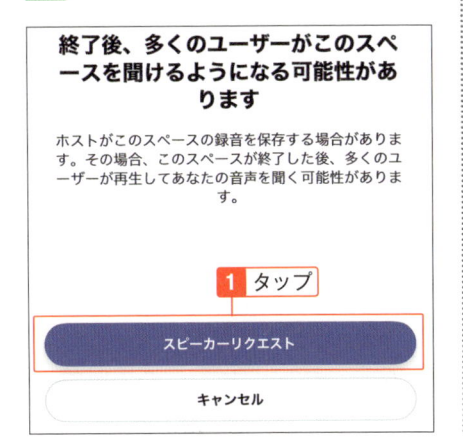

3 「リクエスト送信済み」と表示される。

⚠️ **Check**

リクエストを取り消す

リクエストを取り消すときには、「リクエスト送信済み」をタップします。

4 リクエストが承認されるとスピーカーになり、「マイク：オフ」に変わる。発言するときは「マイク：オフ」をタップしてマイクをオンにする。

08

「スペース」で音声発信をしよう

録音したデータを削除する

不要な録音は削除して整理しておく

スペースで録音した音声は、履歴として保存されていて、ポストを削除してもあとから聞くことができます。保存したままでも問題ありませんが、不要な録音は削除して整理しておくと、あとから必要な録音を探しやすくなります。

スペースで録音した音声を削除する

1 プロフィール画面のアイコンをタップして表示される設定画面（SECTION06-08の手順1、2）で「プライバシーと安全」をタップ。

← **設定**
@kzht_jp

🔍 検索設定

アカウント
👤 アカウントについての情報を確認したり、データのアーカイブをダウンロードしたり、アカウント停止オプションの詳細を確認したりできます。 ＞

セキュリティとアカウントアクセス
🔒 アカウントのセキュリティを管理したり、アカウントと連携したアプリなどのアカウントによる使用を追跡したりします。 ＞

収益を得る
💰 Xで収益を得る方法や収益化オプションの管理方法をご覧ください。 ＞

Premium
✕ ポストの取り消しのタイミングなど、サブスクリプションの機能を管理します。 ＞

1 タップ

プライバシーと安全
🛡 Xで表示および共有する情報を管理します。 ＞

通知
🔔 アクティビティ、興味関心、おすすめについて受け取る通知の種類を選択します。 ＞

アクセシビリティ、表示、言語
🌐 Xコンテンツの表示方法を管理します。 ＞

🏠　🔍　👥　🔔　✉

2 「スペース」をタップ。

← **プライバシーと安全**
@kzht_jp

Xで表示および共有する情報を管理します。

Xアクティビティ

オーディエンスとタグ付け
👥 Xで他のユーザーに表示する情報を管理します。 ＞

あなたのポスト
✏ ポストに関連する情報を管理します。 ＞

表示するコンテンツ
🔲 トピックや興味関心などの設定に基づいてXの表示内容を決定します。 ＞

ミュートとブロック
🔇 ミュートまたはブロックしているアカウント、キーワード、通知を管理します。 ＞

ダイレクトメッセージ
✉ ダイレクトメッセージを送信できるユーザーを管理します。 ＞

1 タップ

スペース
🎙 スペースのアクティビティを管理 ＞

見つけやすさと連絡先
🔍 見つけやすさの設定とインポートした連絡先を管理します。 ＞

🏠　🔍　👥　🔔　✉

3 「スペースの録音履歴を管理」をタップ。

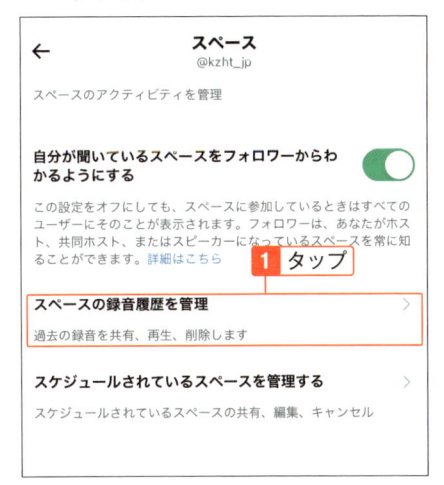

Hint

そのほかの設定

　「自分が聞いているスペースをフォロワーからわかるようにする」をオフにすると、スペースを始めたことをフォロワーに通知しません。「スケジュールされているスペースを管理する」では、開始時刻を指定してまだ開始していないスペースの時間の修正や削除ができます。

4 削除する録音データをタップ。

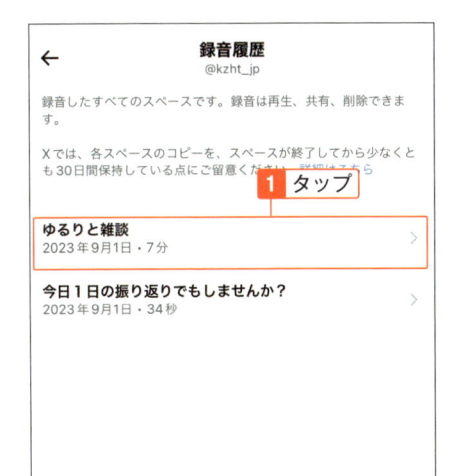

5 「…」（メニュー）をタップ。

6 「録音を削除」をタップして削除する。

共通の話題で盛り上がる「コミュニティ」

Xには、共通の趣味や目的を持つユーザーが集まり、会話や情報交換を楽しめる「コミュニティ」があります。

Xのポストは原則、すべて公開されますが、コミュニティ内でのポストは、コミュニティの参加者のみに公開されます。いわば公開範囲を限定したXです。一方でコミュニティは誰でも自由に参加できますので、多くのユーザーが集い、共通の話題でより盛り上がることが期待できます。

ホーム画面の「コミュニティ」をタップすると、新しいコミュニティやおすすめのコミュニティから、興味のあるコミュニティを見つけ、参加できます。

また、X Premiumに登録していれば、コミュニティを作成することができます。コミュニティを作りたいと思ったら、コミュニティの名称、目的などを入力するだけで簡単にできます。まずは共通の話題を持つ友人知人とコミュニティを作り、少しずつXユーザーに広げていくのもよいでしょう。

「すべて公開」か「原則非公開（リクエスト承認）」を選択する通常のXのポストとは別に、「共通の話題を持つ仲間」で盛り上がれる場所が「コミュニティ」です。

▼ホーム画面の「コミュニティ」をタップすると、コミュニティの概要が表示される。

コミュニティへようこそ

コミュニティは、Xのユーザーがつながったり意見を共有したりできる、管理されたディスカッショングループです

✦ **同じことに興味を持つ人たちと交流しましょう**
同じことに興味を持っている人たちと話しましょう。

👥 **コミュニティに直接ポストしましょう**
ポストは他のコミュニティメンバーに共有されます。フォロワーには共有されません。

❤ **必要に応じてバックアップを入手できます**
管理者とモデレーターがコミュニティを管理し、スムーズな会話の進行をサポートします。

チェックする

▼さまざまなコミュニティから、興味のあるコミュニティを探して参加すると交流が広がる。新しいコミュニティやおすすめも表示され、右上の検索ボタンからキーワードで検索することもできる。

コミュニティ

X ICECREAM...

→

ポストをさらに表示

新しいコミュニティを見つける

▼コミュニティの画面はXのホーム画面と似ていて、参加者のポストが表示される。

X ICECREAM CLUB

2893人のメンバー ⬆ **参加する**

ICECREAM LOVE ✦ アイス好きが集まるやさしいコミュニティを目指してます！投稿＆いいね... **さらに表示**

トップ　　　最新　　　基本情報

イリア＠ぬいセーター🧸制作中 @as... ・2日 ...
今日のお昼に食べたアイス！
マカダミアナッツスキー

▼X Premiumに登録していれば、コミュニティを作ることもできる。

キャンセル　　**コミュニティを作成**　　作成

コミュニティについて少し教えてください。この情報は後でいつでも変更できます。

コミュニティ名

Xで写真部

名前は3〜30文字にしてください。ハッシュタグやユーザー名を含めることはできません

コミュニティの目的（オプション）

ここぞという写真作品をみんなで共有しましょう。|

目的がはっきりしていれば、ユーザーにとってコミュニティ

より安全・便利に
使うために知っておきたい
テクニック

しばしば聞く「炎上」、「アカウント乗っ取り」「ネット詐欺」。「やっぱりネットは怖い」と思ってしまうかもしれません。しかし使い方をしっかりと理解していれば、ネットは安全で便利に使えます。SNSにも安全・便利に使うための設定や機能があります。トラブルは誰でも嫌な思いをします。楽しんで続けられるように、必要な知識と方法を身につけておきましょう。

09-01

表示名を工夫して個性を出す

表示される名前なので、工夫して印象に残るものをつけよう

「アカウント名」は表示される名前の部分です。変更は自由で、本名でなくてもよく、多くの場合はニックネームを使います。英文や用途を併記することもできますし、そのときの気分などを追加してフォロワーに目立つようにもできます。

アカウント名を変更する

1 アカウントアイコンをタップ。

2 「プロフィール」をタップ。

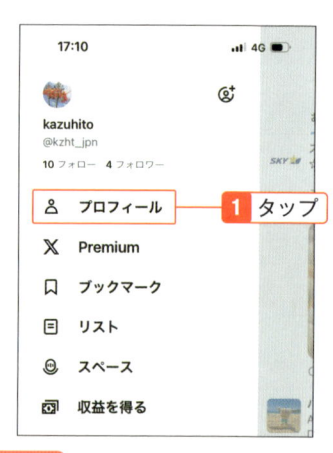

⚠ Check

「名前」部分はあまり変えない

　アカウント名の変更が自由といっても、あまり頻繁に名前を変えてしまうとフォロワーが混乱したり、「この人誰だろう」と思ってしまうかもしれません。名前を表す部分はあまり変えないようにしましょう。

💡 Hint

アカウント名の工夫

　アカウント名は自由に付けられ、変えることもできるので、アイディアを活かしてユニークなアカウント名を付けているユーザーが数多くいます。そのときの気分を末尾に付けて「@Happy」や「（かぜ治療中）」、用途を付けて「（仕事垢）」（垢＝アカウントのこと）、「（アニメクラスタ）」（クラスタ＝〇〇仲間、〇〇が好き、といった意味）のように、アカウント名で楽しんでいるユーザーもいます。

表示名@Happy
表示名（かぜ治療中）
表示名（仕事垢）
表示名（アニメクラスタ）

3 「編集」をタップ。

1 タップ

⚠️ Check

プロフィールの入力が必要

　アカウント名を修正するには、プロフィールに「プロフィール画像」や「自己紹介」が入力されている必要があります。何も入力されていないと「プロフィールを入力」と表示されますので、プロフィールの情報を入力してから変更します。

4 名前をタップ。

1 タップ

5 変更する名前を入力して、「保存」をタップ。

2 タップ

1 入力

6 アカウント名が変更される。

1 確認

⚠️ Check

変更後に画面が表示されない

　表示名を変更したあとに、画面を読み込まなくなることがまれに起きます。なりすましを防止するため、プロフィールなどの基本情報を頻繁に変更した場合に一時的にロックがかかることがあることが原因で、もしロックがかかったら、ブラウザーアプリでログインし、画面に従って確認を行うと、アプリでも画面を読み込むようになります。

メールアドレスを登録・変更する

メールアドレスは大切な登録情報なので、変更したら忘れないように

普段使うメールアドレスが変わったら、Xに登録したアドレスも変更しましょう。メールアドレスはログインにも使用する大切な情報です。Gmailなどのフリーメールであれば、携帯電話会社を変えたりした際、その都度変更する手間が減ります。

メールアドレスを変更する

1 「アカウント設定」の「アカウント情報」画面で「メールアドレス」をタップ。

2 「新しいパスワードを再入力」と表示されたら、Xのログインパスワードを入力して「次へ」をタップ。

3 変更するメールアドレスを入力して「次へ」をタップ。

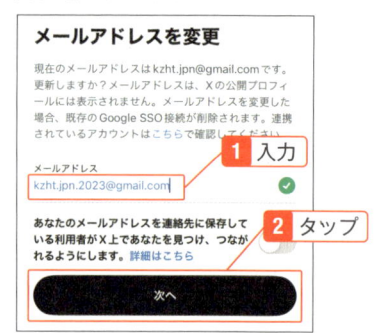

4 メールアドレス宛に認証番号が届くので、6桁の認証番号を入力して「認証」をタップすると、メールアドレスが変更される。

09-03

アプリで使うアカウントを整理する

使わなくなったアカウントは、ログアウトしておこう

Xでは複数のアカウントを切り替えながら使えますが、使わなくなったアカウントがあるなら、アプリからログアウトしておくと、アカウントの切り替えがわかりやすくなり、アカウントを間違えて投稿することがなくなります。

アプリからアカウントを削除する

1 アカウントアイコンをタップ。

2 画面右上のメニュー「…」をタップし、ログアウトするアカウントを左にスワイプする。

> ⚠️ Check
>
> **Xに登録したアカウントは残る**
>
> アプリからアカウントを削除しても、Xに登録されている状態は維持されます。再度そのアカウントを使いたいときにはアプリに追加できますし、他のパソコンなどの機器から利用することもできます。アカウントの登録を削除したい場合はSECTION09-13を参照してください。

3 「ログアウト」をタップ。

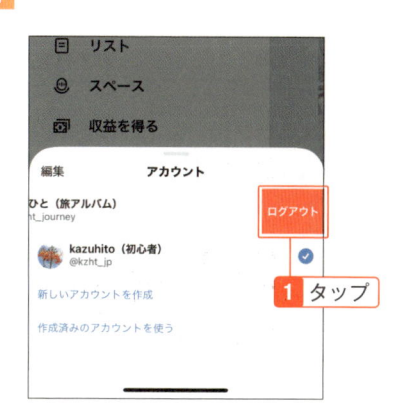

4 アプリからアカウントが削除され、アカウントのアイコン表示も消える。

09-04

文字サイズを大きくする

画面が広めのスマホなら、文字サイズを拡大して見やすく

Xアプリの文字サイズを大きくすると見やすくなります。ただしその分、1画面に表示される情報量は減ります。最近のスマホは、画面サイズが大きな機種もありますので、調整して使いやすい方を選びましょう。

表示する文字サイズを変更する

1 アカウントアイコンをタップ。

2 「設定とサポート」の「設定とプライバシー」をタップ。

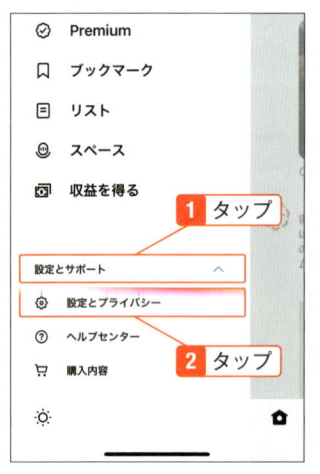

3 「アクセシビリティ、表示、言語」をタップ。

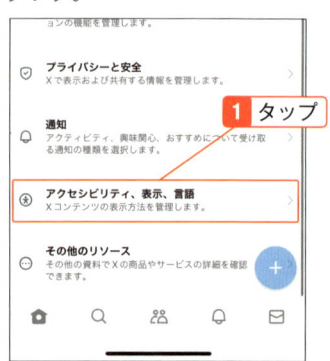

💡 Hint

スマホの設定で変えられることも

　スマホによっては、スマホの画面表示設定で文字サイズを変更できることもあります。スマホの画面表示設定では、Xアプリ以外にもすべての表示が大きくなります。

4 「画面表示とサウンド」をタップ。

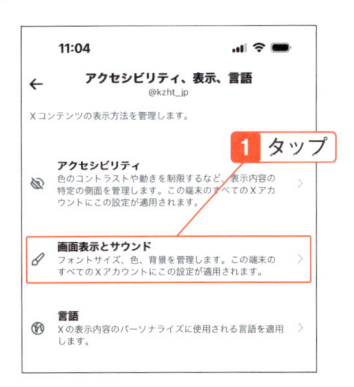

5 文字サイズを調整する。左ほど小さく、右ほど大きく表示され、4段階で調整できる。

6 調整に合わせて、サンプルの文字サイズが変更される。

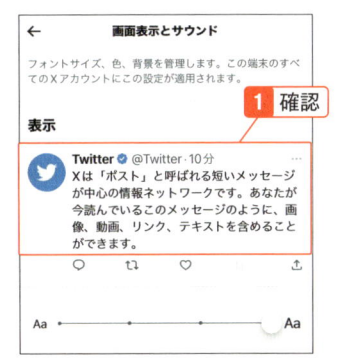

7 表示される文字サイズが変更される。

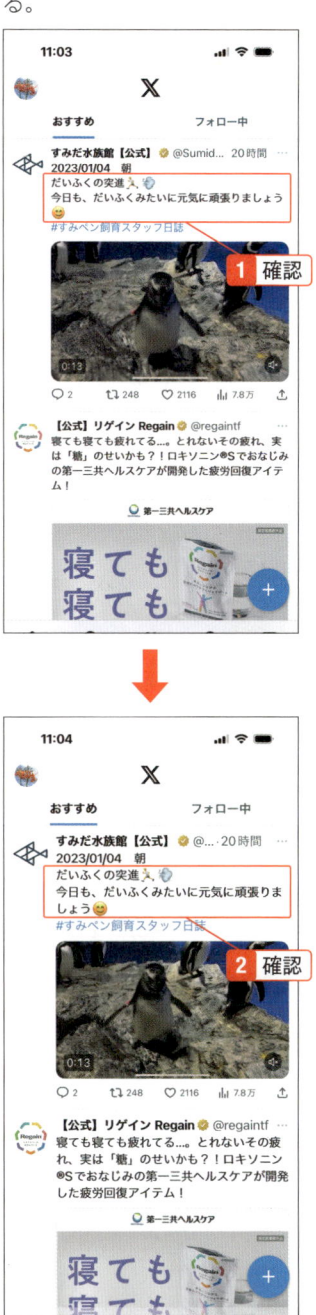

より安全・便利に使うために知っておきたいテクニック

09-05

ダイレクトメッセージをすべての
ユーザーから受ける

自分のフォロワーではないユーザーからも受け取れる

ダイレクトメッセージは通常、相互にフォローしているユーザー間で利用できますが、設定を変更することで、自分がフォローしていないユーザーからもダイレクトメッセージを受けることができます。また、自分のフォロワー以外のユーザーからも受け取ることができます。

ダイレクトメッセージをオンにする

1 「設定」画面（前SECTION手順2）で「プライバシーと安全」をタップし、「設定とプライバシー」画面で「プライバシーとセキュリティ」をタップ。

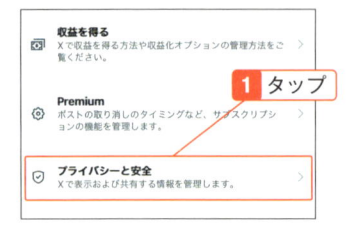

2 「すべてのアカウントからのメッセージリクエストを許可する」をオンにする。

3 「不適切な内容のメッセージをフィルタリングする」がオンになっていることを確認する。

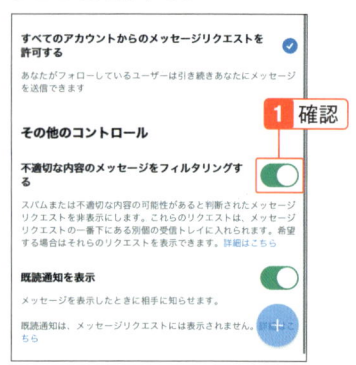

⚠️ Check

「全部拒否」はできない

ダイレクトメッセージを「誰からもすべて拒否する」ことはできません。

⚠️ Check

ダイレクトメッセージは危険？

ダイレクトメッセージはメールのように利用できる便利な機能ですが、よく知らない人とのやりとりには危険も伴います。相互フォローしていても、相手のことをよく知らないこともあり、悪意のある勧誘や詐欺サイトの誘導などが送られている可能性もあります。ネットでつながる関係に潜む危険性をよく理解して使いましょう。手順3のフィルタリングは危険防止にも役立ちます。

09-06

他のユーザーが、自分を画像にタグ付けできるようにする

居場所を勝手に投稿されたくないならオフのままにしておこう

タグ付けを許可すると、写真を付けてポストするとき一緒にいるユーザーを「タグ付け」で投稿できるようになります。タグ付けされたくないときもありますし、タグ付けを必要としないなら、タグ付けはオフのままで構いません。

タグ付けを許可する

1 「設定」画面で「プライバシーと安全」をタップし、「オーディエンスとタグ付け」の「自分を画像にタグ付けすることを許可」をタップ。

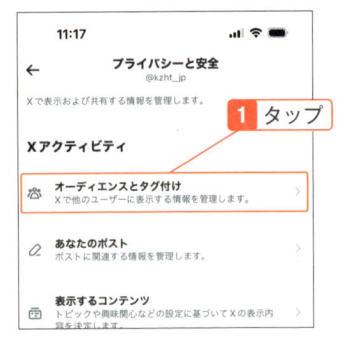

2 「自分を画像にタグ付けすることを許可」をオン（緑色）にする。タグ付けできるアカウントは「フォロー中のアカウントのみ」を選択しておけば、まったく知らない第三者にいつの間にかタグ付けされていることを防止できる。

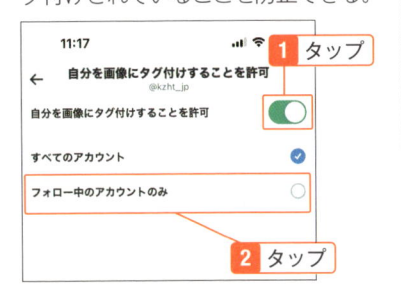

⚠️ Check

タグ付けが許可されていても確認する

写真にタグ付けするときは、タグ付けする人が許可していても、念のため確認しておくと安心です。中には勝手にタグ付けされることを嫌う人もいますので、どんなときも相手の気持ちを考えながら使いましょう。

💡 Hint

実際にはいないのにタグ付け？

タグ付けは、特にユーザーの位置情報を使うといった確認をすることはないので、いわば勝手に誰でもタグ付けできてしまいます。利用はユーザーのモラルに任されていますが、「本当はそこにいないのにいつの間にかタグ付けされていた」といったこともあり得ますので、慎重を期すならタグ付けは無効にしておいた方がいいかもしれません。

195

Xアプリの位置情報取得を止める

広告やおすすめ情報などにも位置情報が使われている

Xアプリは位置情報を取得していて、ポストに追加する以外にも、自分がいる場所に関した広告や地域のおすすめ情報などにも使われます。アプリの位置情報を無効にすることで、常時送信される位置情報を止めることができます。

位置情報をオフにする

1 「プライバシーと安全」画面で「位置情報」をタップ。

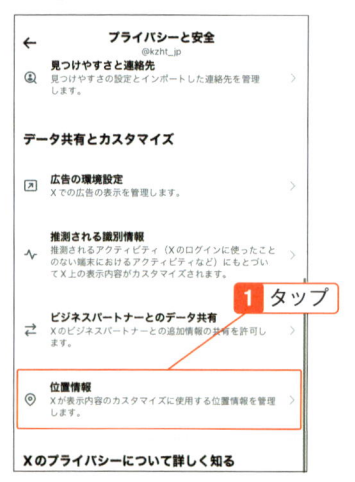

2 「正確な位置情報」をタップして無効にする。

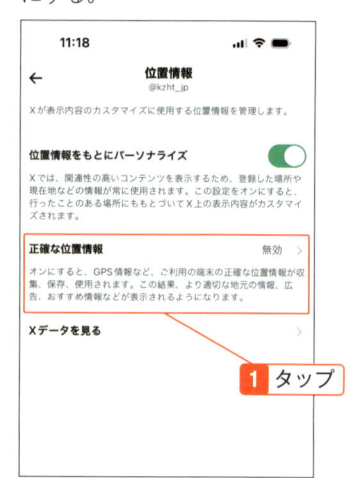

⚠ Check

現在地を追加する危険性

ポストに現在地を追加すれば、今そこにいることを伝えられますが、これを逆手にとって悪用する人もいます。実際にストーカー行為や空き巣などの被害に遭う事例があるので、現在地を追加することは避けましょう。

⚠ Check

スマホの位置情報機能は有効のまま

Xアプリの位置情報機能をオフにしても、スマホ本体の位置情報機能は変わりません。位置情報は地図アプリや経路検索などで使うことができます。

⚠ Check

ポストの位置情報も追加できなくなる

アプリで「正確な位置情報」を無効にすると、ポストの入力画面で位置情報のアイコンが薄くなり、位置情報の追加ができなくなります。

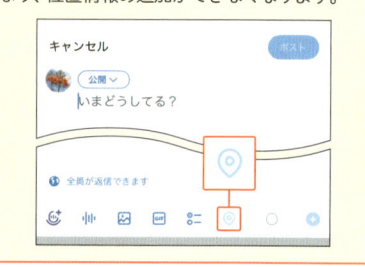

09-08

アカウントのログイン履歴を確認する

不審なログインがないかを、定期的に確認しよう

アプリやブラウザー、パソコンでXを使ったときには、アクセスした履歴が保存されます。もし「乗っ取られたのではないか？」といったことがあれば、履歴を確認し、不審なログインなどがないかを確認します。

アクセス履歴を確認する

1 「設定」画面で「セキュリティとアカウントアクセス」をタップ。

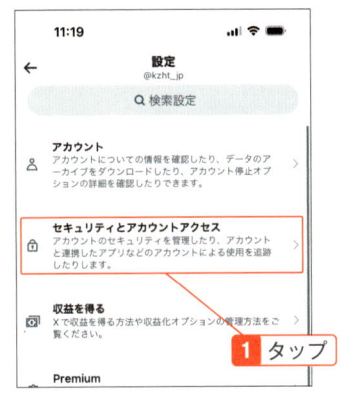

2 「アプリとセッション」をタップ。

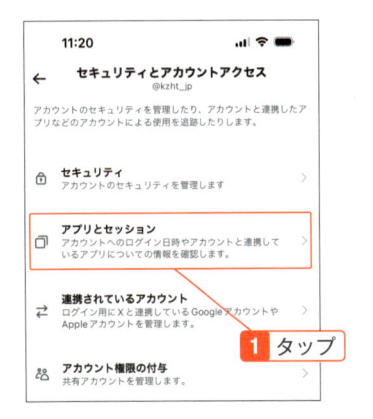

3 「アカウントアクセス履歴」をタップ。

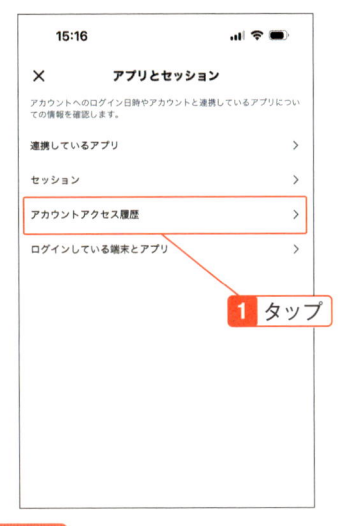

⚠ Check

身に覚えのないアクセスを確認する

　アクセス履歴には、Xを開いたアプリやサービス、時間、国名などが表示されます。このうち、特に使っていないアプリや身に覚えのない海外の国名が表示されていた場合には注意が必要です。パスワードを変更するといった対策を行いましょう。ただし、Xと連携しているサービスを利用した場合、そのサービスがアクセスしている可能性もあります。たとえばInstagramのアプリからXに投稿した場合は、Instagramからアカウントにアクセスがあったことが表示されます。ここに「まったく知らない名前」が表示されていたら要注意です。

197

4 「パスワード」にログインパスワード
を入力して「確認する」をタップ。

5 アクセス履歴が表示される。

> 📝 **Note**
>
> ### 「ログイン履歴」との違い
>
> 　「ログイン履歴」はアカウントにログインし
> た履歴ですが、「アクセス履歴」には外部アプリ
> が権限を持ってXアカウントにアクセスした場
> 合も含みます。「アクセス履歴」では「外部アプ
> リがアクセス権限を持ちアカウントを乗っ取ら
> れた」といった時にも発見できます。

> ⚠️ **Check**
>
> ### ログイン情報（セッション）を確認する
>
> 　「アプリとセッション」では、「ア
> カウントアクセス履歴」のほかに
> 「セッション」と「ログインしている
> 端末とアプリ」があります。「セッ
> ション」はアカウントにログインし
> た履歴で、端末や地名が表示されま
> す。今Xを使っている端末のほか
> に、最近ログインした端末とおおま
> かな時間がわかります。ここに身に
> 覚えのないログインがある場合は、
> 不正なログインの可能性もあるの
> で、パスワードを変更しましょう。
> また「ログインしている端末とアプ
> リ」では、自分のアカウントにログ
> インしたパソコンのブラウザーやス
> マートフォンの数を確認できます。
> ただし厳密な数ではなく、アクセス
> 情報を統計処理した数なので、参考
> 程度に考えてください。
>
>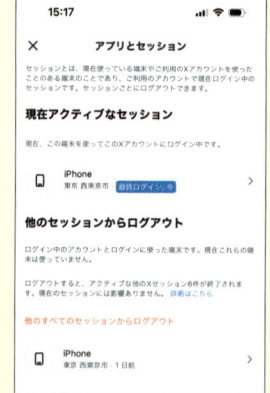
> ▲「セッション」ではXにログ
> インした履歴が表示される。
>
>
> ▲「ログインしている端末とア
> プリ」ではXにログインして
> いる端末やアプリの数が表
> 示される。

09-09

ポストやいいねなど、種類ごとに通知を オン / オフする

新着通知が多すぎるならオフにしておこう

通知は最新のポストや自分についた「いいね！」をすぐ確認できますが、通知が多くなるとかえって煩わしくなります。通知は必要なものだけにして、確実に最新の情報をつかむようにしましょう。

通知を設定する

1 アカウントアイコンをタップ。

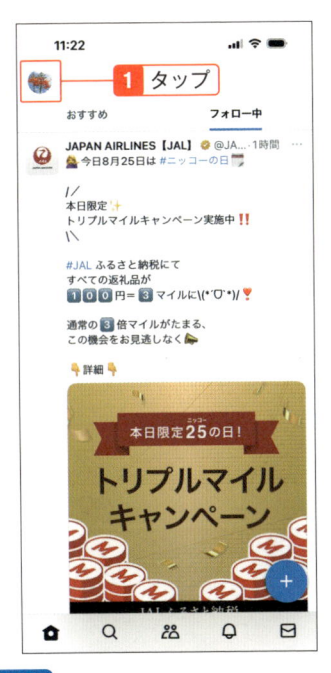

2 「設定とサポート」の「設定とプライバシー」をタップ。

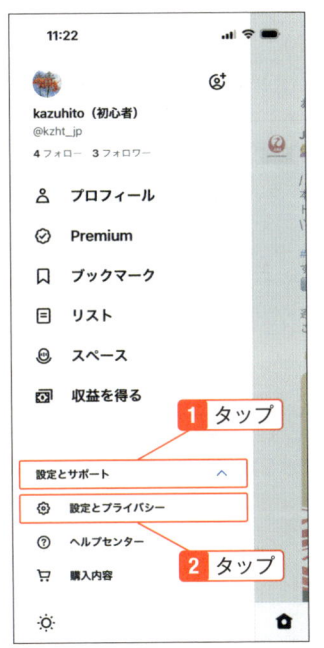

📔 Note

「プッシュ通知」とは

「通知」の中の「プッシュ通知」は、スマホがインターネットにつながる状態にあるとき、自分からチェックしなくてもスマホに通知が届き、知らせてくる機能です。通知する側から「プッシュ」（押す）して通知するため、「プッシュ通知」と呼ばれます。

⚠️ Check

すぐに知りたいものだけにする

通知をオンにするのは、すぐに知りたいものだけにします。すぐに見なくてもよいものはオフにしておくことをおすすめします。

3 「通知」をタップ。

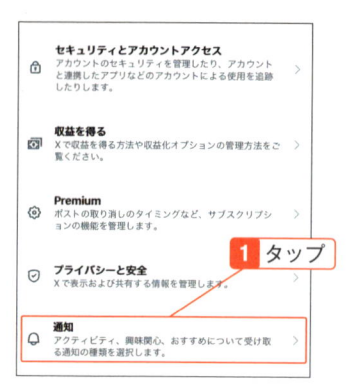

4 「設定」をタップ。

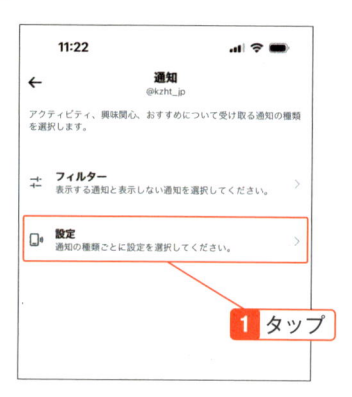

5 「プッシュ通知」をタップ。

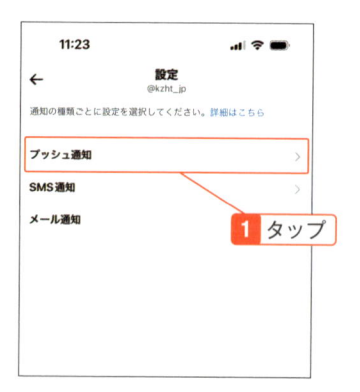

6 通知する項目を「オン」に、通知しない項目を「オフ」にする。

7 「ツイート（ポスト）」ではフォローしているユーザーのポストの通知を設定できる。初期状態でオンになっていて、通知の数が非常に多くなるため、オフにしておくとよい。

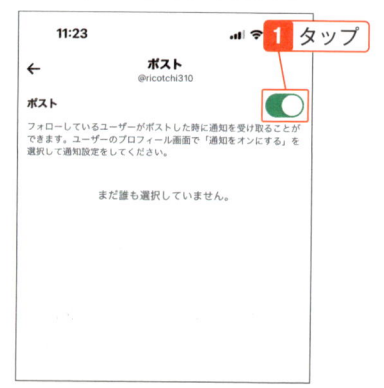

> ⚠️ **Check**
>
> ### 設定アプリの通知は通知方法の設定
>
> iPhoneの「設定アプリ」の「通知」にある「Xアプリ」では、アプリの通知をどのように行うか設定します。これらは音を出す、バナーを表示するといった、通知方法の設定になります。

09-10

不適切なポストを報告する

ポストの報告者情報は公開されないので安心して報告しよう

不適切なポストを見つけたら運営に報告することができます。このときの報告者の情報は保護され、誰が報告したか公開されることはありません。報告の内容は運営が確認するので、いたずら目的で報告するのはやめましょう。

ポストを運営に通報する

1 不適切な投稿を表示して「…」(メニュー) をタップ。

1 タップ

2 「ポストを報告」をタップ。

1 タップ

⚠ Check

リンクはクリックしない

　不適切な投稿にリンクがある場合、悪意のあるWebサイトに接続される可能性がありますので、リンクは決してクリックしないでください。

⚠ Check

不適切の範囲

　「不適切なポスト」とは、日本の法律に反するもの、一般的な常識として受け入れられないものなどです。殺害予告などはもちろん、根拠のない誹謗や中傷なども度を越えれば犯罪行為となります。「ネットだから大丈夫」とは思わないように、ポストする側としても常に心掛けておきましょう。

3 「報告を開始する」をタップ。

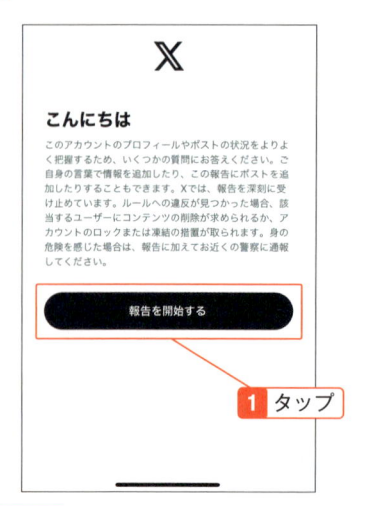

1 タップ

4 報告する対象や理由を選んで「次へ」をタップ。

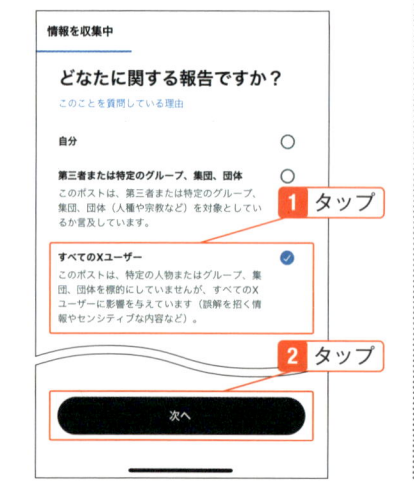

1 タップ

2 タップ

5 画面にしたがって報告内容を作成する。

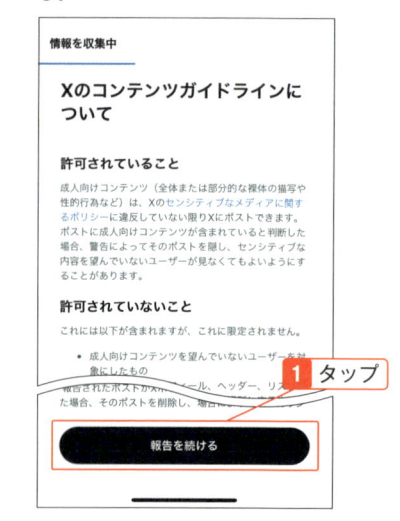

1 タップ

6 画面に従い、「送信」をタップすると報告される。

1 タップ

09-11

パスワードを変更する

乗っ取りなどを防ぐためにも、定期的なパスワード変更を

パスワードはログインするための大切な情報です。最近ではパスワードの漏えいから乗っ取られることも増えています。パスワードは定期的に変更して、不正なアクセスからアカウントを守りましょう。

パスワードを変更する

1 アカウントアイコンをタップし、次の画面で「設定とプライバシー」をタップ。

2 「アカウント」をタップ。

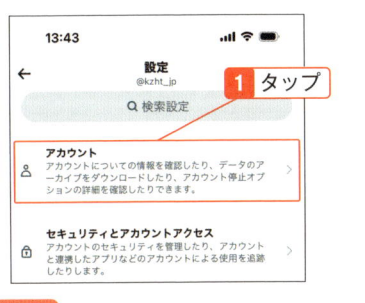

3 「パスワードを変更する」をタップ。

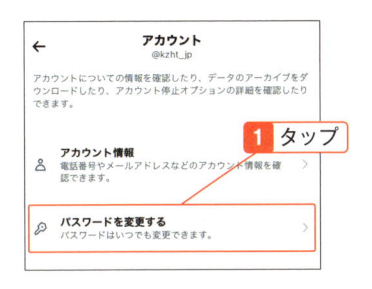

4 「現在のパスワード」「新しいパスワード」を入力し、「パスワード確認」には新しいパスワードをもう一度入力して「完了」をタップ。

⚠ Check

パスワードに使える文字

Xでパスワードに使える文字は、半角の英数字と記号です。記号は、キーボードから入力できる一般的な記号であればほぼ利用できます。また英字は大文字と小文字を区別します。英字だけ、わかりやすい単語などは避け、できるだけ大文字、小文字、数字、記号を組み合わせて推察されにくいパスワードを使いましょう。

09

より安全・便利に使うために知っておきたいテクニック

09-12

パスワードを忘れたときにリセットする

パスワードをリセットして、新たに登録することになる

パスワードを忘れてログインできないときは、パスワードをリセットできます。パスワードのリセットには、アカウントを登録したときの電話番号やメールアドレスの情報が必要になります。

パスワードを再登録する

1 アカウントアイコンをタップし、「設定とプライバシー」→「アカウント」をタップ。

2 「パスワードを変更する」をタップ。

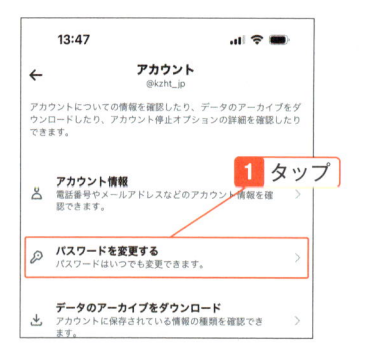

3 「パスワードをお忘れですか」をタップ。

4 アカウント名を入力して「検索」をタップ。登録している電話番号やメールアドレスでも検索できる。

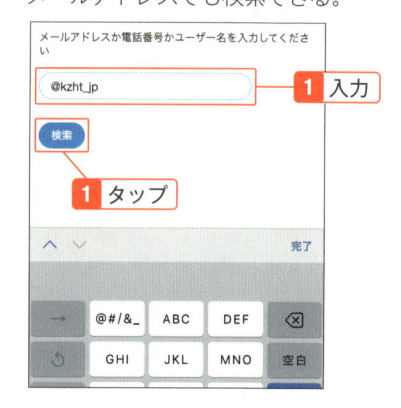

5 「次へ」をタップ。

どのようにパスワードをリセットしますか？

kazuhito（初心者）
@kzht_jp

アカウントに登録されている情報を使えます。

○ kz******@g****.***にメールを送信

次へ ← **1** タップ

これらの情報にアクセスできない場合

💡 **Hint**

携帯電話番号を登録した場合

携帯電話を登録した場合は、SMSによる認証も選択できます。

6 登録しているメールアドレスに届く認証コードを入力して「認証する」をタップ。

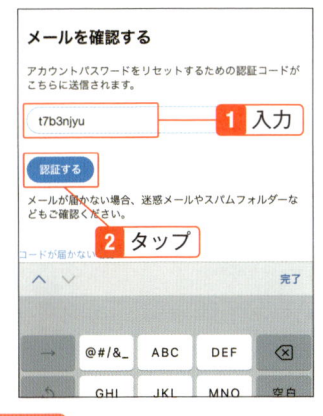

メールを確認する

アカウントパスワードをリセットするための認証コードがこちらに送信されます。

t7b3njyu ← **1** 入力

認証する ← **2** タップ

メールが届かない場合、迷惑メールやスパムフォルダーなどもご確認ください。

コードが届かない

⚠️ **Check**

以前のパスワードは使わない

パスワードをリセットすると、あらためて自由にパスワードを設定できますが、このとき以前に使ったパスワードは使わないようにしましょう。よく使うパスワードは、どこかで漏えいしたときに乗っ取られる可能性があります。

7 新しいパスワードを入力する。iPhoneでは自動的にパスワードを考える機能があるが、自分で考えたパスワードを利用するには「その他のオプション」から「独自のパスワードを選択」をタップ。

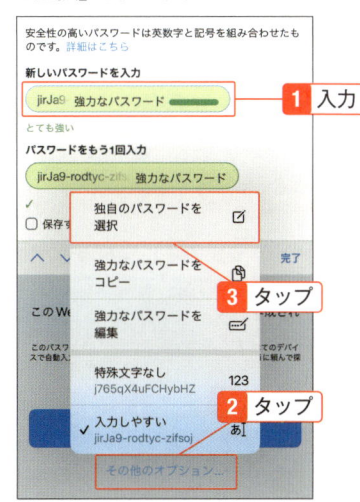

安全性の高いパスワードは英数字と記号を組み合わせたものです。詳細はこちら

新しいパスワードを入力

jirJa9 強力なパスワード ← **1** 入力

とても強い

パスワードをもう1回入力

jirJa9-rodtyc-zif 強力なパスワード

独自のパスワードを選択

強力なパスワードをコピー

強力なパスワードを編集 ← **3** タップ

特殊文字なし j765qX4uFCHybHZ 123

入力しやすい jirJa9-rodtyc-zifsoj ← **2** タップ

その他のオプション...

8 新しいパスワードを2回入力する。入力するとパスワードの安全性が表示されるので、「良い」「非常に良い」になるようにする。入力後「パスワードをリセット」をタップ。

パスワードをリセット

kazuhito（初心者）
@kzht_jp

安全性の高いパスワードは英数字と記号を組み合わせたものです。詳細はこちら

新しいパスワードを入力

●●●●●●●●●● ← **1** 入力

とても強い

パスワードをもう1回入力

●●●●●●●●●●

○ 保存する

パスワードをリセットすると、アクティブなTwitterセッションすべてからログアウトされます。

パスワードをリセット ← **2** タップ

09-13

Xをやめる

アカウントは放置でも構わないが、気になるなら削除してしまおう

Xをやめたいと思ったらそのまま放置しておいても構いません。ただ残ったものから思わぬトラブルに巻き込まれる可能性もゼロではありませんので、アカウントを削除しておけば安心です。

アカウントを削除する

1 アカウントアイコンをタップし、「設定とプライバシー」→「アカウント」をタップ。

2 「アカウントを停止する」をタップ。

3 アカウントを削除するときの注意点が表示されるので、内容をよく確認する。本当に削除してよいのであれば、「アカウント削除」をタップ。

⚠ Check

削除後30日を経過すると戻せない

　アカウントを削除した日から30日を経過すると、いかなる方法でも元に戻すことはできず、新たにアカウントを取得する必要があります。

　30日経過していない場合、再度ログインするとアカウントを復活させる手続きに進みます。

09-14

Xで使われている用語

「ふぁぼ」「リプ」などX独特の用語がある

Xを使っていると、独特の用語に出会うことがあります。ネット用語の中でもXだけで使われている言葉もあり、知っておくとXをより使いこなせるようになるでしょう。

X独特の用語

X独特の用語の中で、特によく使われるものに次のような言葉があります。

用語	意味
ふぁぼ（る）	ポストに「いいね！」すること。以前は「いいね！」は「お気に入り」と呼ばれていた機能で、「Favorite」（＝フェイバリット、お気に入り）から。
あんふぁぼ（る）	「いいね！」を取り消すこと。
リム（る）	フォローを解除すること。「Remove」（＝削除する）から。
ふぉろば（フォロバ）	フォローしてきたユーザーをフォローし返すこと。「フォローバック」を略して「フォロバ」。
リプ	「リプライ」、返信のこと。
RP	「リポスト」（Re-Post）のこと。以前の「RT」（リツイート）もまだ使われている。
空リプ／エアリプ	1つのポストの中に返信元を付けずに返信すること。まずは返信元のポストをリポストして、その次に返信の内容を通常のポストで投稿する方法が一般的。
リスイン	ユーザーをリストに入れる（入れた）こと。リストに入れても相手のユーザーにはわからないため、「リスインしました」「リスインありがとう」といったポストを投稿することがある。
フォロリク	「フォローリクエスト」。フォローして欲しいことを伝えること。
スパブロ	「スパムブロック」。スパム（迷惑ポストや迷惑ユーザー）をブロックして、通報すること。
垢	「アカウント」のこと。アカウントの「アカ」に当て字をはめたもの。
裏垢	「裏アカウント」のことで、グループや仲の良い友達だけとのやりとりを目的として、ポストを非公開にしているアカウントが多い。
鍵垢	ポストを非公開にしているアカウント。非公開のアカウントには鍵のマークが付くため。
凍結	アカウントが一時的に利用停止になること。他者の通報などによって何らかの不正行為が疑われた場合などに、一時的に凍結状態になることがある。
定期	決まったタイミングで繰り返し同じ内容で行うポスト。イベントの告知を当日まで毎朝行うといった場合に、「【定期】〇月〇日イベント来てください！」のようにポストされることが多い。
エゴサ	エゴサーチ。自分の名前を検索して、評判を探ること。
クラスタ	集合体のことで、趣味やグループに属していることを示す。
〇〇ほー（時報）	ある出来事が起きたときにポストされる報告。昼の12時には「ひるほー」、夜12時には「よるほー」と、時報のようにポストされる。
〇〇ほー（プロ野球）	試合で勝ったことを喜ぶポストにも多く使われ、「〇〇やっほー」や「〇〇わんだほー」の意味。「とらほー」（阪神タイガース）、「こいほー」（広島東洋カープ）、「たかほー」（福岡ソフトバンクホークス）、「れおほー」（埼玉西武ライオンズ）など。横浜DeNAベイスターズだけは「＼横浜優勝／」とポストされトレンドにもしばしば上がる。

安全なWi-Fi通信を使う

無料のWi-Fiには危険なものもある

スマホでのインターネット接続ではWi-Fiを使うと通信料金を節約できますが、外出先にある無料のWi-Fiには、安全と言い切れないものも存在します。情報漏えいやデータの盗み取りに遭わないよう、Wi-Fi使用時は極力「暗号化」されたWi-Fiを使います。

パスワードなしの公衆無線LAN（Wi-Fi）はできるだけ避ける

　スマホを使って公共の場所にあるパスワードが不要なWi-Fiに接続することは、できるだけ避けた方が賢明です。パスワードが不要Wi-Fiは通信が暗号化されていないため、悪意のあるユーザーがいればスマホで入力するユーザー名やパスワードが盗み取られたり、保存したデータを漏えい、改ざんされてしまう可能性もあります。

　ただし、ホテルやカフェで使うWi-Fiの中には、利便性を考えて暗号化をせずにパスワード不要で使えるようにしてあるものがあります。ホテルやカフェのようにWi-Fiの提供元がはっきりしていれば危険なものとは言い切れませんが、この場合も理論上は悪意のあるユーザーが忍び込んで通信を盗み見ることが可能なので、できるだけ使わない方が賢明です。

　Wi-Fiを使うときには、接続画面のカギのアイコンを確認します。この鍵のアイコンがあれば「パスワードが必要で通信が暗号化されている」ことを示します。

▲鍵のないWi-Fiは通信が暗号化されていないため、提供元がわからない場合は使わないようにしよう。

▲暗号化されているWi-Fiは鍵のアイコンが表示されている。接続にはパスワードが必要でセキュリティ対策が行われているが、暗号化方法などによって「安全性の低いセキュリティ」と表示されることもあるので、利用時には十分注意する。

パソコンでも快適に
Xを使おう

Xはパソコンのブラウザーでも同じように利用できます。使える機能はほぼ同じで、ブラウザーだけの機能も少しですが存在します。文字入力を素早くできる、画面が大きいなどパソコンならではのメリットもあり、家で情報をチェックしたり情報を発信するときはパソコンを利用することも、Xを使いこなす方法の1つです。使い方はアプリと基本的に同じですが、ブラウザーならではの使い方も覚えておくと役立ちます。

SECTION

10-01

パソコンからXにログインする

パソコンのブラウザーではときどきログインが必要

アプリでは一度ログインすると通常はログイン操作が不要になりますが、ブラウザーでは一定時間が過ぎるとログインが必要になることがあります。ログインでは登録したメールアドレスやXアカウント名、電話番号を使います。

ブラウザーでXにログインする

1 x.comにアクセスし、「ログイン」をクリック。

2 アカウントを入力して「次へ」をクリック。

3 パスワードを入力して「ログイン」をクリックすると、ホーム画面が表示される。

💡 Hint

スマホと同時利用もできる

スマホでXにログインしている状態でも、パソコンからログインできます。このときスマホの方がログアウトされることはなく、スマホとパソコンで同時に利用できます。

10-02

Xからログアウトする

共用のパソコンで使うときは、安全面から必ずログアウトしよう

ブラウザーでXにログインすると、多くの場合、一定期間ログイン情報が保存されます。共用のパソコンでは不正な利用を防止するために、使用後には必ずログアウトしておきましょう。

Xからログアウトする

1 ホーム画面で「アカウント」をクリック。

⚠ **Check**

共有パソコンでログアウト後に確認すること

　会社のパソコンやホテルのロビーのパソコン、ネットカフェのパソコンなど不特定多数で共有するパソコンでXにログインした場合、ログアウトしたあとにログイン画面を表示して、自動的にログインしないこと、アカウント名やパスワードが表示されないことを確認します。もしログインがすぐにできてしまうようなら、管理者に問い合わせて記録されている情報を消去してもらいます。

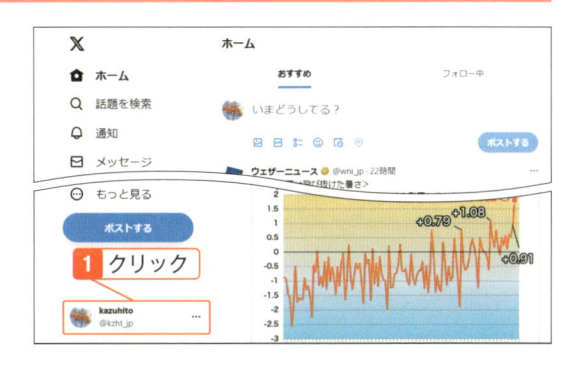

2 「@（アカウント名）からログアウト」をクリック。

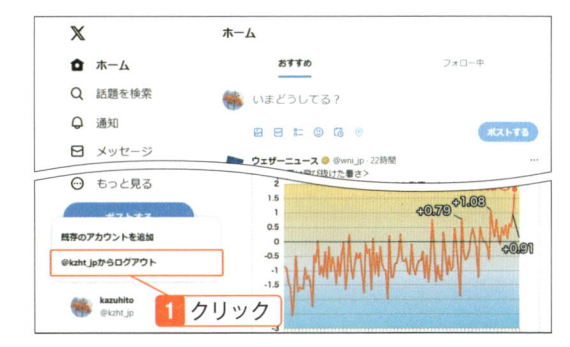

3 「ログアウト」をクリックすると、Xからログアウトされる。

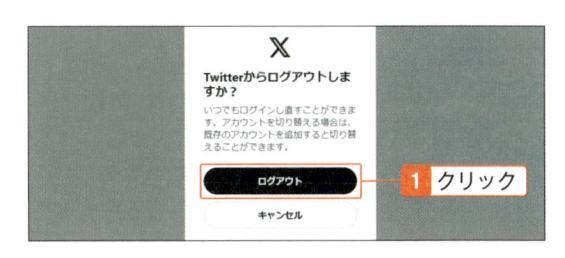

10-03

Xのアクセス状況を見る

自分のポストの表示数から、読まれやすい話題の分析をしよう

「アナリティクス」を参照すると、自分のポストが表示された数、またポストからプロフィールを参照した数などを確認できます。どんな話題を投稿すれば参照数が増えるのかといった分析にも利用できます。

アナリティクスを参照する

1 ホーム画面で「…もっと見る」をクリック。

📖 Note

「アナリティクス」は「分析」

「アナリティクス」（Analytics）は、「分析」という意味です。あらゆる分野での分析を「アナリティクス」と言いますが、インターネットでは主にWebサイトのアクセス解析のことを示し、アクセス数やアクセス元の情報などをまとめたデータや、そのデータを出す仕組みのことを示します。

2 「Creator Studio」の「アナリティクス」をクリック。初回起動時のみ、「アナリティクスについて」の画面が表示されるので、「アナリティクスを有効にする」をクリック。

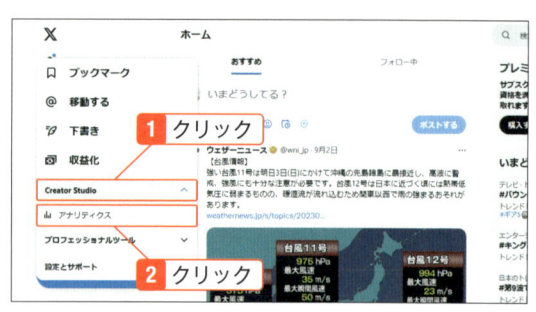

3 詳細なアクセス情報が表示される。

⚠️ Check

「誰か」はわからない

アナリティクスでわかるデータは主に「表示回数（アクセス回数）」です。アクセスしたユーザーのアカウントやインターネット接続方法の情報などは表示されません。

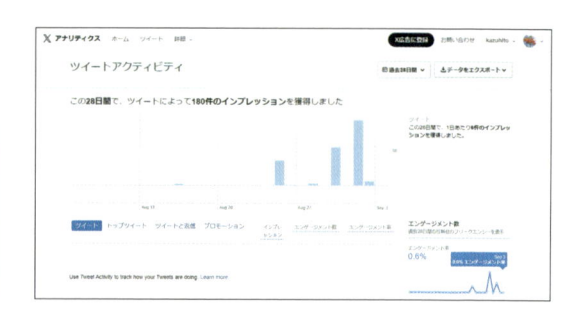

10-04

おすすめのユーザーを見る

関心があるテーマをポストしている、未フォローのユーザーを発見できる

「おすすめユーザー」とは、自分がフォローしているユーザーと同じ分野のポストをしているといった関連のあるユーザーで、Xがポスト内容などから自動的に選んで表示します。欲しい情報をより広い範囲から集めるために役立ちます。

おすすめユーザーを表示する

1 ホーム画面には「おすすめユーザー」が表示されている。より多くのおすすめユーザーを見るには「さらに表示」をクリック。

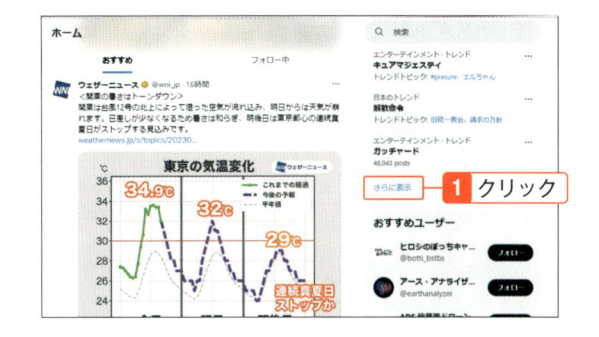

2 おすすめのユーザーが表示される。

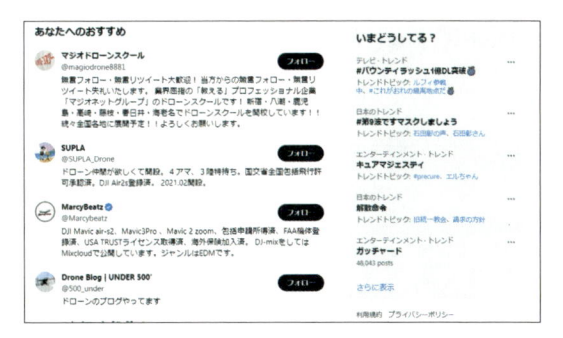

💡 **Hint**

おすすめのトレンド

　トレンドを表示するとき、「〇〇地方のトレンド」や「食べ物・トピック」といった見出しが表示されることがあります。これはユーザーの現在地やポストしている内容に合わせた「おすすめのトレンド」です。通常のトレンドはポストの数の多さでランキングされますが、「おすすめのトレンド」はランキングとは関係なく、ユーザーの好みに合った内容のトレンドがピックアップされます。

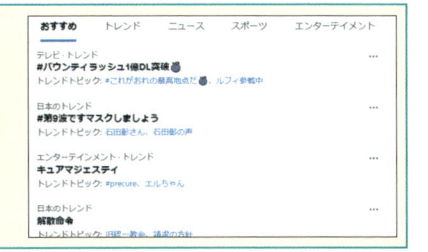

10-05

ポストに絵文字を入れる

どのスマホでも見られる絵文字を、パソコンから入力できる

パソコンのキーボード入力には絵文字がありません。絵文字は感情表現に欠かせないアイテムの1つ。そこでパソコン版のXには専用の絵文字入力機能があり、スマホでも表示できるさまざまな絵文字をポストすることができます。

絵文字を入力する

1 「絵文字」をクリック。

2 絵文字のタイプと、使いたい絵文字を選んでクリック。

> 💡 **Hint**
>
> **Windowsの場合**
>
> Windowsパソコンでは、[Windows] + [.]（ピリオド）キーでも絵文字の入力ができます。

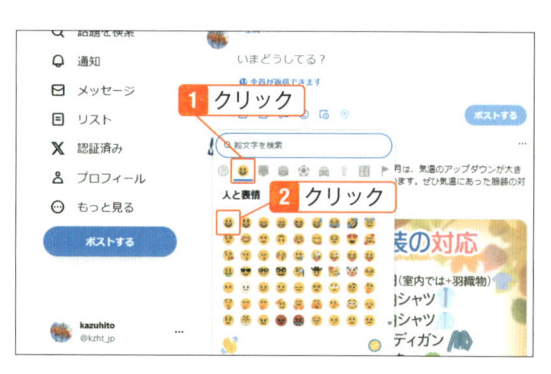

3 絵文字が入力される。

> 💡 **Hint**
>
> **絵文字は画像として扱われる**
>
> 入力した絵文字は小さな画像として扱われます。画像なので、どこの会社のスマホでも共通して表示することができます。

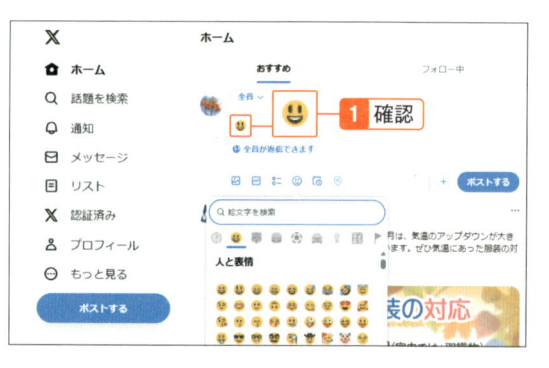

10-06

ショートカットキーを使う

キーボードで快適に操作する

パソコンのブラウザーでは、ショートカットキーを使うとXのさまざまな機能をキーボードから素早く呼び出すことができます。マウスとキーボードを持ち替えることが減り、快適に操作できるようになります。

ショートカットキーを確認する

1 「…もっと見る」をクリック。

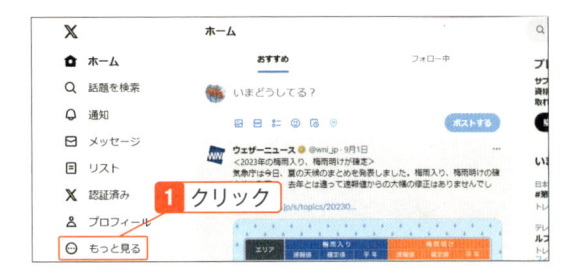

2 「設定とサポート」の「キーボードショートカット」をクリック。

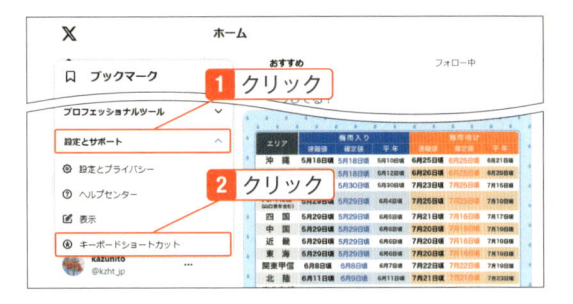

3 ショートカットキーの一覧が表示される。

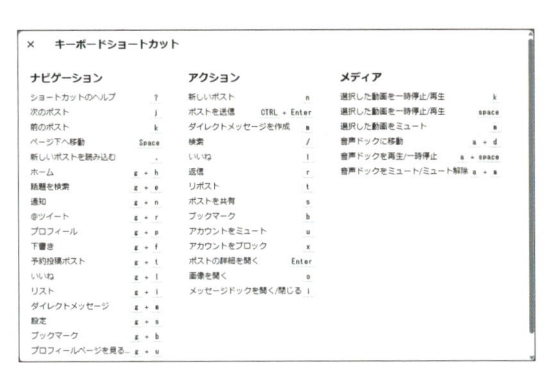

💡Hint

多くの操作が「g」から始まる

ショートカットキーの一覧を見ると「g」で始まる操作が多いことに気づきます。画面の操作に関するショートカットキーは「g」を押してから他のキーを押すものが多く、たとえば「g」を押して「n」を押すと通知を見ることができます。

興味のないおすすめを削除する

興味がないおすすめのトレンドや広告の表示を減らす

ホーム画面の「いまどうしてる？」やタイムラインに表示される広告は、これまでの表示履歴や検索内容に基づいて表示されていますが、興味のないものがあれば「おすすめ」から削除して、表示されないようにできます。

おすすめや広告を削除する

1 非表示にしたい情報の「…」（メニュー）をクリック。

2 「興味がない」をクリックすると、おすすめや広告から削除される。

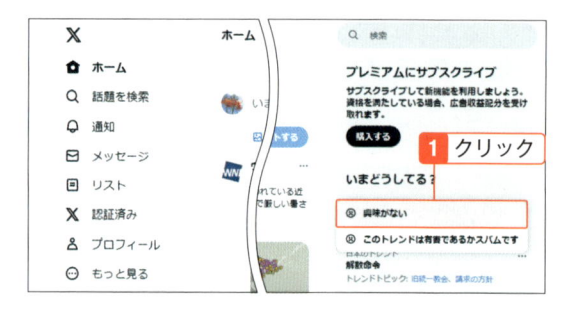

⚠ **Check**

おすすめのポストや広告も同様に削除する

「プロモーション」としてタイムラインに表示される広告も同様に「この広告に興味がない」をクリックして削除できます。またアカウントを登録したリストのポストも「このポストに興味がない」をクリックして削除できます。削除した広告やポストの内容は「興味がない」ものとして、今後は関連する広告も含めて表示されにくくなります。

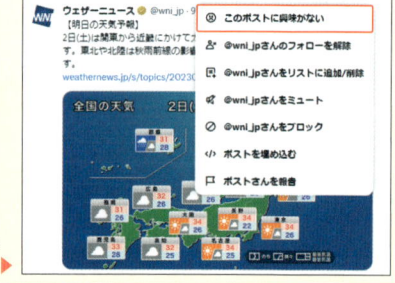

「このポストに興味がない」をクリックして非表示にすると、関連する内容の広告も今後は表示されにくくなる。▶

10-08

別のアカウントを追加する

パソコンで複数のアカウントを使う

パソコンのブラウザーでも複数のアカウントを使うことができます。アカウントを追加しておくと、アカウントを切り替えるたびにログアウトしてログインし直すといった操作が不要になります。

アカウントを追加する

1 画面左下のアカウントをクリックし、「既存のアカウントを追加」をクリック。

⚠️ **Check**

追加するアカウントは用意しておく

追加するアカウントはあらかじめ取得し、用意しておきます。これから取得する場合は、スマートフォンから取得するか、一度パソコンでログアウトして新規登録を行います。

2 アカウントを入力して「次へ」をクリック。

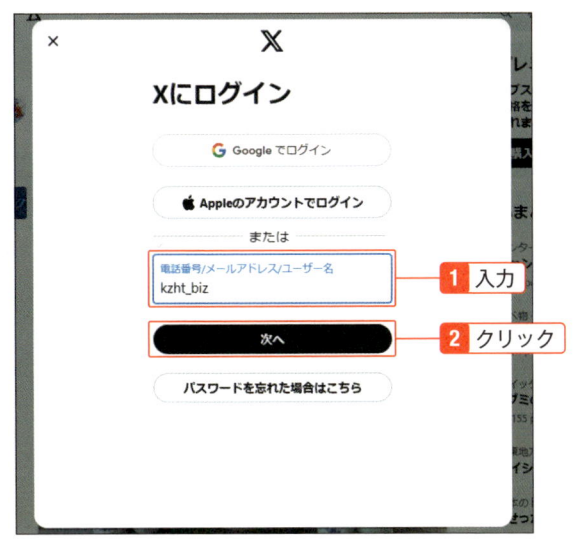

3 アカウントとパスワード
を入力して「ログイン」を
クリック。

4 ログインしたアカウントの
ホーム画面が表示される。

10-09

アカウントを切り替える

ログインしているアカウントを簡単に切り替えられる

パソコンのブラウザーで複数のアカウントを使ってログインしているときには、アカウントの一覧からすぐに切り替えることができます。用途によってアカウントを使い分けることも簡単です。

表示するアカウントを切り替える

1 画面左下のアカウントをクリック。

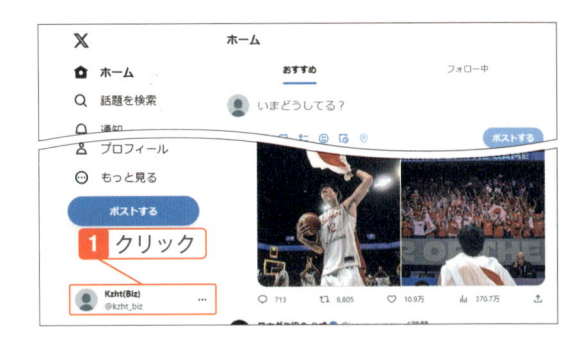

2 切り替えるアカウントをクリックすると、切り替えたアカウントのホーム画面が表示される。

⚠ Check

まとめてログアウトする

アカウントの切り替え画面（手順2の画面）で「アカウントを管理」をクリックして「すべてのアカウントからログアウト」をクリックすると、ログインしているアカウントからまとめてログアウトします。

10-10

Webページにポストを埋め込む

Webページにポストを表示して、Xをやっていない人にも見せられる

Webページに特定のポストを埋め込むには、専用の「タグ」を取得します。タグをWebページに記述すると、そのポストを埋め込むことができるようになります。取得したタグはWebページやブログなどに投稿してポストを表示します。

Webページに埋め込むタグを取得する

1 埋め込むポストを表示して、右上の「…」(メニュー)をクリック。

2 「ポストを埋め込む」をクリック。

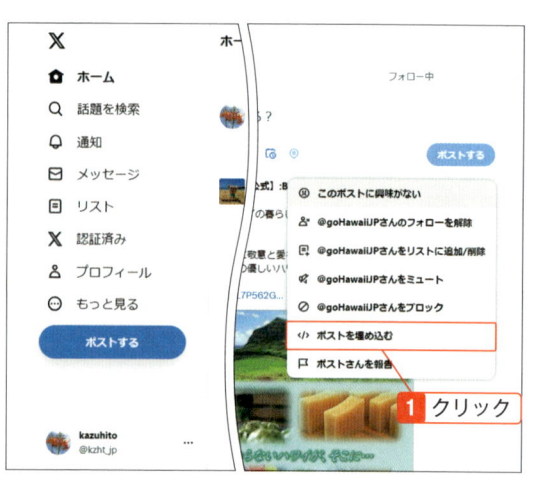

⚠ **Check**

**タグの対応は
サイト管理者に確認**

　取得したタグを貼り付けてポストを表示できるかどうかは、Webサイトやブログサイトのサービス内容によって異なります。対応しているかどうかは、あらかじめ管理者に問い合わせて確認しておきましょう。

3 「Copy Code」をクリック。

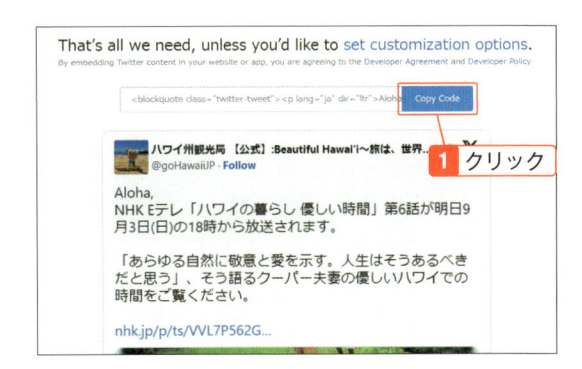

クリック

4 タグがコピーされる。

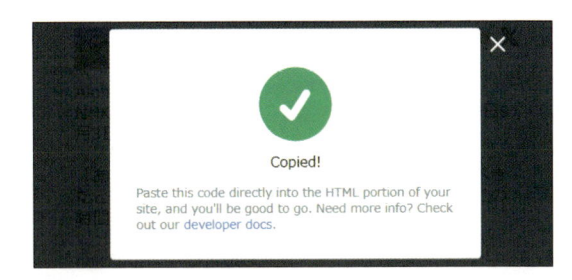

5 コピーされたタグを貼り付けて利用する。

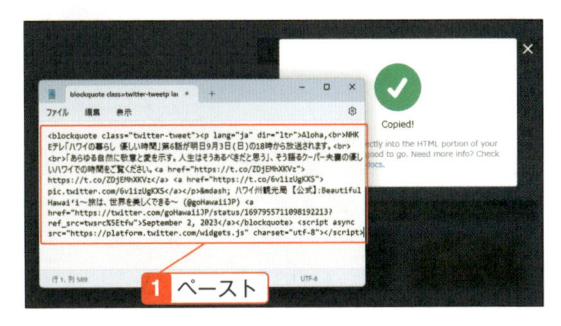

ペースト

💡 Hint

特定のユーザーのポストをすべて埋め込む

　特定のユーザーのポストをすべて埋め込んで、投稿されると合わせて埋め込んだWebページにも表示される仕組みがあります。この場合、ブログサービスなどの設定に従って専用のタグを取得する必要がありますので、各サービスが提供する情報を利用してください。

投稿と同時に表示できる▶

10-11

画面のデザインを変える

ハッシュタグの色も変更できる。好みの色合いにして個性をアピール

パソコンのブラウザーでXを使う場合、スマホアプリよりも多くのパターンで色を変更できます。例えば背景は黒、ハッシュタグはピンク、といった組み合わせなども可能です。文字サイズの変更もできるので、見やすいようにアレンジしましょう。

画面の色や書体をアレンジする

1 ホーム画面の「…もっと見る」をクリック。

⚠️ **Check**

デザイン変更はXにだけ有効

　画面の表示色やフォントサイズを変更した場合、有効になるのはXのみです。他のWebサイトを表示するときには、通常の表示色になります。

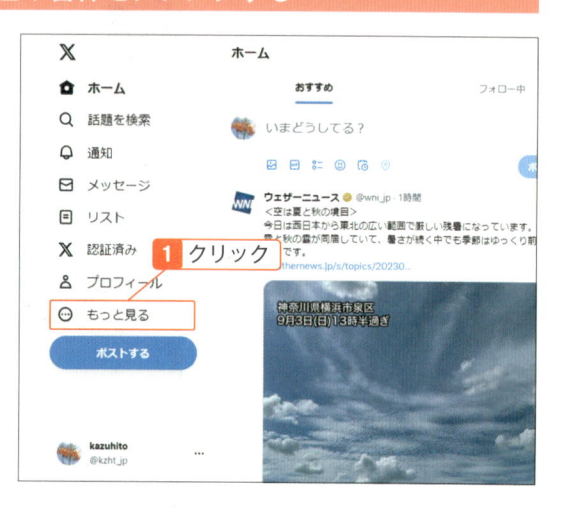

2 「設定とサポート」の「表示」をクリック。

💡 **Hint**

**暗めの部屋なら
暗い背景が見やすい**

　黒い背景にするとかっこいい感じがしますが、見た目だけではなく視覚的な効果も変化します。特に暗めの部屋でパソコンを使っている場合、白い背景より暗い背景の方が目にやさしく疲れにくいのでおすすめです。

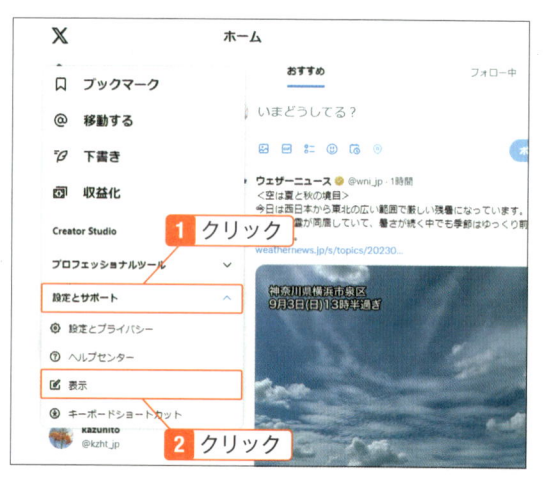

3 フォントサイズ、色、背景
画像（背景色）を選択して
「完了」をクリック。

⚠️ **Check**

変更の状態を確認

　背景色などを変更すると、画面
がその状態に切り替わるので、変
更後の状態を確認しながら設定で
きます。

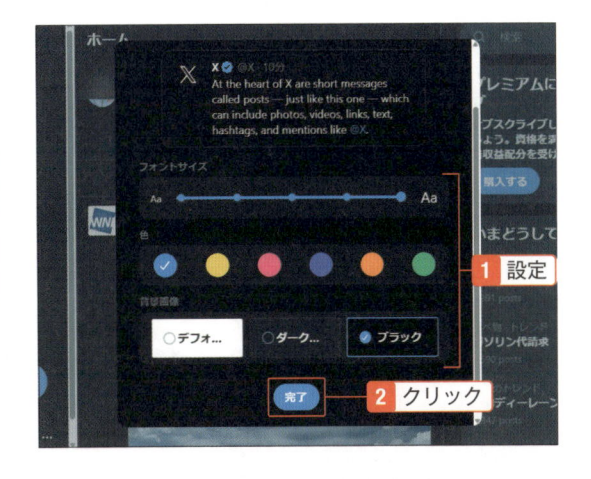

4 画面の表示色が変更され
る。

⚠️ **Check**

**設定はそのパソコンだけで
有効**

　たとえば家のデスクトップパソ
コンで背景色や文字色を設定して
も、ノートパソコンで開いたとき
には設定は反映されません。設定
はパソコンごとに行う必要があり
ます。またスマホのアプリやブラ
ウザーにも反映されず、それぞれ
の設定に従います。

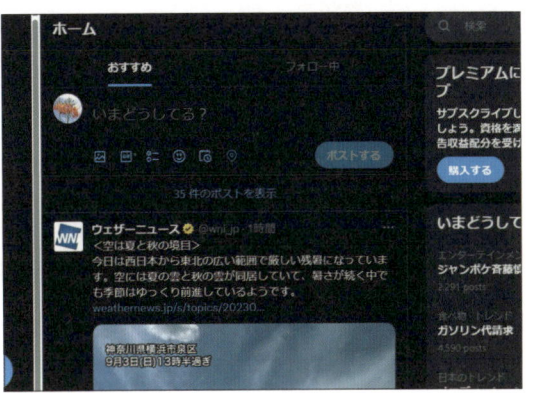

💡 **Hint**

Xの機能追加や削除

　Xは流行やユーザーの要望に合わせて、さまざ
まな新機能を常に追加しています。たとえば日
本で2020年末〜2021年初頭にかけて音声SNS
の「Clubhouse」（クラブハウス）が急速なブー
ムを巻き起こすと、追って2021年5月には、同
様に音声で交流する「Spaces」（スペース）が追
加されました。

　一方で、追加されたもののすぐに廃止される
機能もあります。2020年11月には24時間で消
える投稿の「フリート」が追加され、Instagram
の「ストーリーズ」に影響を受けたものとされま
したが、2021年8月には廃止されました。さら
に2022年8月には、限られたユーザーだけに投
稿を公開する「サークル」が追加されましたが、
翌2023年10月に廃止されました。

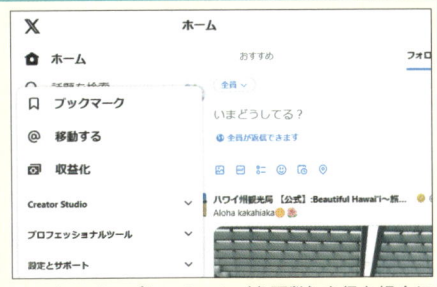

▲一定のインプレッション（参照数）を得た場合に
収益が配分される「収益化」など、これまでにない
ような目的を持つ新しい機能も追加されている。

　このように、Xは機能そのものがその時の流行にも敏感な反応を示し、今後もこのような機能の追加
と廃止を繰り返していくことが考えられます。また将来的には、アプリ決済やエンタメコンテンツの配
信など、さまざまな機能を持つ「スーパーアプリ」に発展させるという予測もあります。

アクセス状況を分析する

　パソコン画面では、「アナリティクス」を使ってアクセス状況を分析できます。

　ホーム画面の「もっと見る」から「Creator Studio」を選択し、「アナリティクス」をクリックすると、アナリティクスが表示されます。初回のみ「アナリティクスを有効にする」をクリックして、分析を開始します。

　以降は、直近のアクセス数やポストごとのアクセス状況などが表示されるようになりますので、たとえば注目されているポストを固定表示したり、あるいはビジネスならば広告として展開するといった利用方法が考えられます。

▲メニューの「アナリティクス」をクリック。

▲初回のみ、「アナリティクスを有効にする」をクリックして、分析を開始する。

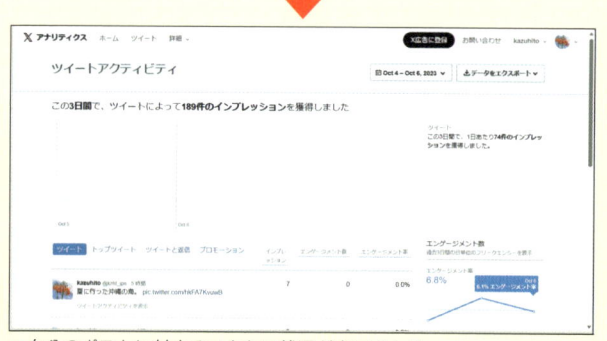

▲自分のポストに対するアクセス状況が表示される。

用語索引

目的・疑問別索引

■著者
八木 重和 (やぎ しげかず)
テクニカルライター。学生時代からパソコンや当時まだ黎明期の
インターネットに触れる機会を持ち、一度サラリーマンになるも
およそ2年で独立。以降、メールやWeb、セキュリティ、モバイル
関連など幅広い執筆活動を行う。同時にカメラマン活動やドロー
ン空撮にも本格的に取り組む。

■イラスト・カバーデザイン
高橋 康明

231

※本書は2023年10月現在の情報に基づいて執筆されたものです。
本書で紹介している機能やサービスの内容は、告知無く変更になる場合があります。
あらかじめご了承ください。

X完全マニュアル

発行日	2023年 11月 27日	第1版第1刷
	2024年 2月 7日	第1版第2刷

著 者	八木 重和

発行者	斉藤 和邦
発行所	株式会社 秀和システム
	〒135-0016
	東京都江東区東陽2-4-2 新宮ビル2F
	Tel 03-6264-3105（販売）Fax 03-6264-3094
印刷所	三松堂印刷株式会社　　　　Printed in Japan

ISBN978-4-7980-7065-0 C3055